How to Fly a Horse

The Secret History of Creation, Invention, and Discovery

如何讓馬飛起來

物聯網之父創新與思考的 9 種態度

Kevin Ashton

陳郁文——譯　　凱文・艾希頓——著

獻給 莎夏、亞羅與西奧

CONTENTS

各界好評

艾希頓直接挑戰關於創造的陳腔濫調！他說，偉大的創意不是天上掉下來的禮物。創造是一個殫精竭慮的過程，由無數漫長夜晚，犯錯重來，在過往基礎上緩慢累積而來的成果。為了舉例，他從社會科學和歷史裡細細篩選，包括 iPhone 問世背後的「啊哈！時刻」、某個癌症療法的發明過程，以及伍迪・艾倫的幽默魔法，一一揭穿這些神奇故事的幕後真相⋯⋯天才是九十九分的努力，而那一分的天分，就在你我身上。

——《華盛頓郵報》（*Washington Post*）

艾希頓毫不猶疑地揭穿創造迷思的虛幻面。這本發人深省的書舉出許多關於創造的案例，證明每個人都有創造的能力。

——《出版人週刊》（*Publishers Weekly*）

針對創造性創新既有趣又富啟發的反思。麥爾坎・葛拉威爾（Malcolm Gladwell）與史蒂芬・拉維特（Stephen Levitt）的粉絲會喜歡艾希頓的混合式非文學寫作風格，以一連串引人入勝的故事，建構出令人信服的文化論述。

—— 《書單》（*Booklist*）

艾希頓對於創造力與天才的論點，說服力十足。

—— 《柯克斯書評》（*Kirkus Reviews*）

對於已經塞滿各種實用指南的創意一詞，本書提出獨到的觀點，值得一讀。

—— 《BBC 焦點》（*BBC Focus*）

《如何讓馬飛起來》對於人類創造活動提出許多觀察，同時有系統地拆解創意天才的神話。只要投注時間和心力，人人都能創造。艾希頓敘述他的理論，同時佐以一連串精心挑選、引入入勝的故事，從萊特兄弟如何鑽研飛行（相當於讓馬飛起來），到帕克與史東如何創作《南方四劍客》。這本書輕鬆優游於創造、發明與發現現場，有趣又知性。想激發創意潛能，讀這本書就夠了。

—— 《多倫多星報》（*Toronto Star*）

《如何讓馬飛起來》揭露發明的奧祕，創造物聯網一詞的凱文·艾希頓指出，創造的本質，是一步一腳印的平凡之舉，多過於一蹴可幾的不凡作為。生動的故事，深入的研究，以及洗鍊的文筆，不容錯過的一本好書。

——亞當·格蘭特 Adam Grant
華頓商學院管理學教授、《給予》（*Give and Take*）作者

凱文·艾希頓的新書《如何讓馬飛起來》探討團體或個人把不可能變成可能的創新魔法。透過許多創新天才的案例，從愛因斯坦、《南方四劍客》創作，到噴射機與協奏曲的發明，艾希頓揭開過去幾百年來偉大科學家、藝術家和工業家背後的祕辛。

——約翰·前田 John Maeda
麻省理工學院媒體實驗室教授、《簡單的法則》
（*The Laws of Simplicity*）作者

艾希頓輕鬆破除創新的「奧祕」，帶來令人振奮且實際可達的願景。創造力不是專屬智力菁英的特權，而是人之所以為人的關鍵。這本書將從此扭轉你對創新的看法──並且使你成為更好、更具創造力的創新者。

——保羅·塞佛 Paul Saffo
奇點大學未來研究與預測主任

凱文‧艾希頓曾經創業、賣掉創立的公司、在大企業裡推動大規模創新，並且一手打造我們對物聯網的認知，不過這本書可能是他到目前為止最大的成就——我所讀過關於創造力最有創意的一本書，穿梭在藝術、科學、商業和文化之間，一場真正能啟發你，改變你如何看待創意的精彩歷程。

——威廉‧泰勒 William C. Taylor
《快速企業》（*Fast Company*）共同創辦人

如果你曾好奇該怎麼做才能創新，本書會讓你茅塞頓開，備受啟發。從莫扎特到《芝麻街》的大青蛙，凱文‧艾希頓以許多實例，說明如何開啟我們身上的創意開關。沒有祕訣，也沒有捷徑，創新之道來自平凡的行動。艾希頓傳達的訊息既直接且令人鼓舞：創意並非僅限天才的專利，而是人人可為。

——喬瑟夫‧哈里南 Joseph T. Hallinan
《我們為什麼老犯錯》（*Why We Make Mistakes*）作者

一本闡釋創意如何運作，詳盡且具說服力的著作——不靠突發的神奇靈感，而是細密地思考，不屈不撓地解決問題，以及全力以赴後的豁然開朗。艾希頓從商業、科學與藝術領域援引許多有趣且具啟發性的故事，證明每個人都可以在工作中加以實踐。

《創作者的日常生活》（Daily Rituals: How Artists Work）作者

艾希頓探索創意的優美大作，揭發許多迷思，也開啟許多扇門，讓包括我在內的讀者們目眩神馳於眾多的可能。人人皆能創造，人人皆能創新。還有，葛拉威爾，這回艾希頓略勝一籌。

————賴瑞‧唐斯 Larry Downes
《大爆炸式創新》（Big Bang Disruption）作者

如果你自認是個有好奇心的人，你一定會喜歡這本書。艾希頓分享了許多發明的精彩動人實例，我真心相信每個人讀完都會變聰明。

————賽門‧西奈克 Simon Sinek
《先問，為什麼？》（Start with Why）作者

《如何讓馬兒飛》縱橫涵蓋數十個精彩的故事與實驗，針對創意從何而來的問題，提出大膽的全新見解。如果你曾經深陷構思創意之苦，卻以為有些人是毫不費力的幸運兒，那你一定要讀這本書。

————亞當‧奧特 Adam Alter
《粉紅色牢房效應》（Drunk Tank Pink）作者

創新是一再自問
「還有沒有別的可能」

翟本喬｜和沛科技創辦人

　　我們從小到大聽過不少偉大的發明故事，告訴我們許多改變世界的新點子，來自於科學家瞬間的靈光乍現。比方說，牛頓被蘋果打到頭，或是阿基米德跳出浴缸的那一剎那，都被譽為科學史上的關鍵一刻。讀著這些故事長大的我們，對於發明充滿了憧憬，認為我們也有機會，哪天靈光一閃，頓悟了大道理，做出了令人讚嘆的大發明，從此改變世界，青史留名。如果我們自己做不到，就會希望有聖人出世，天降英才，領導我們邁向光明的未來。於是我們找尋天才，培養天才，期待救世主降臨。

　　但是，發明的過程真的是這樣的嗎？

作者在這本書中所要闡明的一個中心理念，就是「發明沒有捷徑」。一個新想法的出現，本身並沒有太高的價值。要把想法變成受人歡迎的產品或服務，進而創造出利益，才算是完成了一項發明。真正重大、影響我們生活的發明，都是很多人累積多年的努力，才能達成它的效果。而在發明創造的漫長路上，一定會面臨很多的挑戰和失敗。如果我們只想到成就的榮耀，而沒有適當的心理準備去面對這些挫折，我們就只能看著別人的成功，把它們當作童話故事來讀。

　　而在探索「創造力」這個概念的過程中，許多科學家也不止一次發現：有創造性結果的思考過程，和沒有創造性結果的思考過程，其實並沒有什麼差別。人在生活中累積所接觸的事實，成為自己的參考資料。思考的程序，就是從這些資料的排列組合中，導出新的結果來。所以，一個人的「創造力」，其實是來自於兩個部分：足夠的資料，和好的推導能力。我們只要能放任自己的思維，去探索自己所知事物的所有可能組合，就會有一些有趣的結果出現。現在常用的腦力激盪，就是這樣的一個過程：當你自己的資料來源不足的時候，設法集結眾人的資料；當一個人的推導能力產出不足的時候，設法集結眾多引擎一起工作。

　　從這裡，我們就可以看出標準化、齊一式教育之所以扼殺創造力的最大問題了：如果所有的人學到的事實、蒐集到

的資料都一樣，而推導的方法過程也都一樣，那麼一百個人合起來，所能創造出來的東西，和一個人有什麼差別？

作者也對腦力激盪這個方法提出了質疑，因為有些研究顯示：把一些有創意的人分開工作，產出的點子，比合在一起進行腦力激盪還多。我覺得這並不抵觸：有創意的人被強迫和別人一起工作的時候，反而為了合作，牽就別人而失去了效率，或是自己的創意被別人的意見「污染」而失去了原創性。但如果是在創作不順利的時候，能聽聽不同的想法，反而可以推導出新的結果。

由書中所舉的一些例子我們可以看出，有創造力、能解決問題的人，和其他人最大的不同，是當他們看來走到死胡同的時候，他們會自問：「還有沒有別的可能？」並且找出這些可能性；一個受到僵化教育的人，則會很快放棄，宣稱：「沒有了，課本上只有這些，老師只教過這些。」

但是，並不是找出新想法就成功了。成功的發明家和一般人最大的差別，就是在產出這些有趣的結果之後，能夠判斷它們是否有價值，對於有價值的想法能夠堅持到實現。同時，在這個「堅持到實現」的路上，發明家們會碰到許多反對的人和意見。鼓吹創新的人會認為這些反對意見都是妨礙進步的阻力，而創新者成功之後，這些反對者就成為世人

嘲笑的對象。但是真正成功創新的人，不會把所有的反對意見視為障礙，他們反而將這些挑戰當作自己創意的驗證，謹慎地找出證據來說服別人，最後走上成功之路。（塞麥爾維斯和巴斯德的對比，就是一個最有名的例子。可見本書第三章。）而發明家最大的批評者，往往就是他們自己，他們能夠比別人更早看到問題，在經過反覆淬鍊之後才提出自己的創見。

書中，作者進一步將發明創意累積的過程從個人擴大到社會。他闡述了科學發現史上許多師徒傳承和分工合作，在幾代後或是以幾個國家的力量，解決了重大問題的例子。一個人早上起床到吃完早餐，已經依賴了至少半個世界。所以把重大發明歸功於單一個人或小團體的做法，就顯得膚淺了。

而創造力和獎勵制度之間的關連，更是許多人（尤其是政府官員）的迷思，以為有了好的獎勵，創意就會源源不絕地冒出來。事實上，真正偉大的發明都是來自發明人本身的熱情，而不是別人的獎勵。有許多的例子更活生生地告訴我們，有潛力的創作者在得到外來的獎勵之後，反而喪失了他們的創造力，再也提不出好的作品了。在許多令人驚訝的兒童創意之中，我們也可以看出成人因為社會的其他制約，反而失去了創造力。

最後，作者再次重申本書最重要的理念：人類的前途不能仰賴少數的天才提出拯救世界的偉大發明，而是要靠所有人一同建立起的社會知識中發展出來的創新。

　　共勉之。

鼓掌或巴掌？──忠告文藝青年

紀大偉｜作家、政治大學台灣文學研究所助理教授

這本書主張「人人都有創新的能力」這個理念，反對「只有天才，才可能有靈感創新」這個「常識」。我很同意這本書的立場，並且認為這本書也可以警醒各界文藝青年──我說的文藝青年，不只包括狹義的「文青」，還包括文學閱讀者、各種藝術欣賞者、文學院和藝術學院的學生等等。

請容我說狠話：「文藝創作／文藝論文，必須創新，才有存在價值。」

如果創作或是要寫論文的文藝青年沒有提出創新的做法／想法／主張，那麼何必苦苦創作／寫論文呢？還不如早早去洗洗睡，至少還可以修補耗損過度的腦細胞。

這幾年來，我有幸在大學部課堂、研究所課堂、文學獎評審會議、文藝青年獎助金審查會議、各種口試委員拜讀過無數（廣義）文藝青年的提案、創作、作業、論文。我發現最常見的通病（從青年藝術家提出來的搞怪創作計畫，到研究生的嚴肅論文等等）就是：文藝青年「沒有」或「怯於」提出創新的見解。

「我要提出一個別人沒有做過的創作」、「我要提出一個別人沒有說過的見解」──這種話是我最想聽到的話，可是我很少從文藝青年那邊看到、聽到。

我反而一直聽到、看到這樣的文藝青年說詞：「《聶隱娘》很棒，我要做一個跟它類似的微電影」、「張愛玲對於服裝的見解很棒，我要用她的見解來談文學中的衣物。」

文藝青年們可能並沒有直白啟用「哇好棒棒」這種措辭，但是他們迂迴婉轉的文字終究還是說「大師好棒，所以我跟他一樣就好了。」這種忙著說大師（或經典）好棒的文藝青年，再怎麼樣也沒有提出創新的主張。他們忙著對大師（或經典）鼓掌，卻嚴重忽略了「他們自己也有創新的能力」，更將「他們自己也有創新的『責任』」這個理念拋到九霄雲外。

很多藝術創作者、論文寫作者很用功，很會找資料。他們找出一大堆《聶隱娘》資料、張愛玲資料，「侯孝賢拍片心得」、「美國教授寫給張愛玲的長信」，乖乖展示在他們寫的（創作／論文）投稿中，證明他們很用功。但我要殘忍指出，在 Google 和 Wiki 都已經老掉牙的時代，評審（如我）根本不在乎誰很會蒐集大師的資料（我自己去 Google 就好了啊，我的網速又不會輸給你）。這種蒐集資料的苦工，反而讓年輕人陷入「忙著鼓掌說好棒」的無間道，並且阻礙他們提出創新的點子。我要強調，就算是「『引用』大師拍電影心得」、「『引用』大師與朋友書信集」也都算是鼓掌。引用這些珍貴文件，仍然是一而再、而在三給大師喝采。

　　但是，大凡大師、經典，就不缺掌聲。藝文青年的苦勞，不能夠兌換成功勞。忙著鼓掌的藝文青年只是把自己定位成鼓掌部隊的成員——搞不好人家還以為你下工之後可以領五百元呢。

　　我主張，與其給大師、經典鼓掌，不如給大師、經典巴掌。我不是說要打架，而是說，去拍拍大師、經典的臉蛋（不要太重）、肩膀（輕輕拍肩，很難嗎）、腦袋，藉此挑釁、挑戰、調侃、質疑大師、經典。我並不是在說 BBS 文化中的「推」、「噓」這兩個動作，因為這兩者都太輕微了、太省力了、太容易被「哈哈哈」笑聲打發。就算是沒有「guts」（膽

識）的人也可以假借匿名帳號的方便，在 BBS 猛「噓」大師。然而，我鼓勵給大師、經典巴掌，是因為這種動作需要膽識、信心、勇氣。

我期待看到的巴掌，是這樣的：「《聶隱娘》很棒，但是我覺得還有改善空間。」「某某教授寫給張愛玲的信提供很多資訊，但是我質疑這些信的貢獻。」就是要勇於祭出巴掌，才可能講出別人講不出來的話，才可能創新。當然巴掌並不是打到這裡就夠了，還要利用巴掌傳達情意。

剛才的話，可以接著講下去：「我要拍的微電影，就是要補充《聶隱娘》的疏漏，以小（我的微電影）搏大（侯孝賢的大電影）。」「我認為，寫給張愛玲的信，一方面引導讀者特別留意某一個方面，但也同時在另一方面讓讀者嚴重忽視另一個方面。」

沒有哪個大師、哪個經典是面面俱到、天衣無縫的。勇於挑戰大師、經典，才可能推陳出新，才可能在資訊洪流中伸出腦袋、爭一口氣。

請勇敢戒除鼓掌這個總是傾向鄉愿的習慣。讓手從鼓掌的習慣動作解放，手才能享有創新的自由。

打破超級英雄的迷思

鄭國威 ｜ PanSci 泛科學總編輯

　　當我們向大量製造、講求一致化的工業社會道別，「創意」就變成了最珍貴的存在。但創意到底是什麼？創意這個詞時常與「天才」、「靈感」連結在一起，而這又可以連結到「智商」、「天分」，或是「被神祝福的」……等等不可控制但令人渴求之事。可是，如果真的是這樣，那我們這些一般人到底該怎麼辦？

　　許多的成就，在媒體報導上，特別喜歡突出個人，用各種型態的專訪把這些人救世主化、殊異化。不管是創業家、科學家、發明家，還是藝術家。而我們也習慣於把功勞歸於某些個人（這中間又有性別跟社會階級等各種偏頗），投注以英雄化的崇拜。久而久之，這世界彷彿就像是超級英雄電

影一樣，成為幾個卓絕人士意志的對弈，而我們一般人當然就只能像是看著直播一樣，嘖嘖稱奇。

本書的作者凱文・艾希頓也是一位這樣的超級英雄，被譽為物聯網之父，但他特別不喜歡創作或創造被英雄化，因此寫了這本書。這是一本介於科普、勵志與產業分析三者之間的著作，艾希頓在書中引用了大量科學研究、商業案例、歷史事件，從這些資料中重新定義出真正成就實現的原因是什麼，而那並不是「創意」那麼簡單的答案。

我非常推薦每一位焦慮於自己是否「沒創意」的人——大概是絕大多數的人——讀這本書。

一個創新者的肺腑之言

郭耀煌｜成功大學資訊工程系特聘教授、
數位生活科技研發中心主任

　　近年來，鼓勵創新、創意，乃至於創業蔚為風潮，不只是政府的重要政策，幾乎已成為全民運動。但是，這些名詞的內涵為何？如何成功發揮每個人或組織的創造力？大家有不同的見解，似乎也有一些迷思。

　　凱文・艾希頓，身為推動 Auto-ID 物聯網應用的先驅，曾領導三家科技新創公司的經歷，在本書中有系統地探討創造力之精義，是一個過來人的肺腑之言，也是一個在現實世界聲譽卓著的智者之洞察。本書要跟讀者強調的是，創新、創意，不是吸引某些人幻想無需努力就能成功，不用流汗即可收成。

如同艾希頓所言：「所有的創造，不論是繪畫、飛機或電話，都有相同的基礎：不斷發現問題，解決問題。創造是思考的結果，跟走路一樣——左腳，問題；右腳，解答，一再重複，直到抵達目的地。決定你是否成功的關鍵，不在於你跨的步伐大小，而在於你走了多少步。」

創作者的作品，是時間、夢想和行動的產物。相信讀者們在閱讀完本書之後，將會帶著熱情，捲起袖子，堅定地走進創造的旅程。

前言

打破創造的迷思

1815 年，德國《綜合音樂期刊》（*General Music Journal*）刊登了一封書信，是莫扎特描述他創作的過程：

當我獨自一人，擁有純然屬於自己的時光與愉悅的心情，比方說，乘馬車旅行的途中、一頓飽餐後的漫步或某個無眠的夜晚，通常這種時刻，最能讓我靈思泉湧。我的靈魂像是被點燃了一般，在不受干擾的狀況下，腦海裡的樂章自動放大，變得清晰又有條理，形成一部近乎完成的作品。我可以一覽無遺，就像看著一幅美麗的圖畫或雕像。我不需要依序聆聽每個片段，而是在電光火石間便領略了！接著我開始振筆疾書，一口氣把靈感寫下來，這一切就像方才說的，樂章在我腦子裡已經完成，和紙上寫下來的幾乎沒有分別。[1]

換句話說，莫扎特最偉大的交響曲、協奏曲與歌劇，都是在他獨處和心情愉快的時候自動來報到。他什麼都不用做，只需等待腦子裡的靈光乍現，再提筆寫下就行了。

　　這封信經常被用來解釋創作的過程，許多書籍都引用過部分段落，包括哈達瑪（Jacques Hadamard）1945年寫的《數學家的思維》（*The Mathematician's Mind*）、范農（Philip Vernon）1976年編的《創造力：論文選集》（*Creativity: Selected Readings*）、彭羅斯（Roger Penrose）1989年的得獎著作《皇帝新腦》（*The Emperor's New Mind*），雷勒（Jonah Lehrer）2012的暢銷書《想像力》（*Imagine*）也間接提到這個概念。這樣的想法不僅影響了詩人普希金（Pushkin）、歌德與劇作家謝弗（Peter Shaffer），並且直接或間接地形成了對於創造這回事的普遍認知。

　　但這段文字是有問題的，這封信並非出自莫扎特之手，而是他人杜撰的，第一次出現是1856年詹恩（Otto Jahn）撰寫的莫扎特傳裡，目前學界的研究也證實了這一點。

　　其實，莫扎特寫給父親、姐姐和其他人的信件真跡，透露了他真實的創作過程。[2] 他雖然天賦異稟，但並不是靠著魔法作曲，他會先把作品初稿寫出來，再修改，有時候也會卡住。他工作時不能沒有鋼琴或大鍵琴，也會中途暫時離開，

過一會兒再回來。他作曲時，理論與技巧並重，而且非常注重節奏、旋律與和弦。雖然天分和畢生的苦練，讓他做得既快又熟練，但他的作品仍然是辛勤工作的成果。這些偉大的名曲並不是源源不絕的靈感自動形成，也不是不需要使用樂器，更非一氣呵成，不必修改。那封以訛傳訛的信，不但是假的，更是錯的。

錯誤的假說一再流傳，是因為那符合人們對於創造所抱持的浪漫偏見和迷思——天才必然有頓悟的瞬間，可以驟然領略偉大的真理，詩人在寤寐中寫出偉大的詩句，作曲家瞬間完成交響曲，科學家都是突然大叫：「我找到了！」創業更是如同點石成金。但有些事情不是這樣，我們沒看到從無到有的歷程，或許我們也不想看到，偉大的工藝或藝術應該是夢幻的，不應該跟汗水與苦工沾上邊。如果每一道優雅的公式、美麗的繪畫，以及了不起的器械，都是在苦幹實幹、嘗試錯誤和不斷修正重來中誕生，每個創造者都跟我們一樣會犯錯，渺小而易壞，這樣想實在很煞風景。偉大的發明是天才創造的奇蹟，這個結論比較誘人！迷思就是如此形成。

這些迷思形塑了我們對於創造的看法。在遠古時代，人們相信所有的事物只能被發現，不能被創造。他們認為萬事萬物原本就已經被創造出來了，就像美國天文物理學家薩根（Carl Sagan）有名的玩笑話：「如果你想從零開始做一個

蘋果派，那麼你得先發明宇宙萬物。」中世紀時，開始有了創造的可能性，但只保留在神學領域和有神諭的人身上。直到文藝復興時期，人類終於被認可擁有創造力，不過僅限於偉大的人物，例如達文西、米開朗基羅和波提且利。19 世紀末到 20 世紀初，創造成為一種哲學，甚或心理學方面的探索，探討「這些偉大的發明者是怎麼做到的？」這一類的問題，提出的答案當中還有不少中古神學介入的殘留，現今主要的創造迷思，就在這個時期被摻入關於頓悟與天才的傳說，例如那封莫扎特的假信，然後一再被渲染流傳。1926 年，懷海德（Alfred North Whitehead）賦予「創造」這個動詞一個名詞：創造力（creativity）[3]，也讓這個迷思從此有了正式名稱。

創造力迷思是：富創造力的人少之又少，成功的創造者都會經歷靈光一閃的神奇瞬間，創造比較像變魔術，而不是下苦工。只有一小撮幸運兒擁有創造天賦，而且運用得輕鬆自如，平凡大眾再怎麼努力，注定是徒勞無功。

《如何讓馬飛起來》就是要打破這個迷思。

我一直到 1999 年都是創造力迷思的信徒。我早期的工作經驗，包括倫敦大學學生報、布倫斯貝里的日式連鎖餐廳 Wagamama，以及 P&G 家用品公司，都顯示我不擅長創造。

我努力實現我的想法，但是當我嘗試時，總是惹得周遭的人不高興；而我一旦成功，他們往往忘記那是我的構想。我讀遍我能找到關於創造力的書，每一本的說詞都一樣：創意是神奇的、廣受歡迎的，創造者是贏家。然而，每當我提出點子，遭遇的通常是批評，而不是歡迎，讓我覺得自己很失敗。我的績效很差，總是處於被開除的危險，我不明白為什麼我的創造經驗，跟書中描述的都不一樣。

1997 年，當我試著解決一個無聊的問題（但後來變得很有趣），我才第一次想到，這些書有可能是錯的。當時 P&G 有一款熱賣的唇膏顏色老是缺貨，一半的店面架上都找不到，我研究了很久，發現主要問題出在資訊不足。那時候如果要知道貨架上有哪些商品，只能到現場查看，這是 20 世紀資訊科技的局限，幾乎所有的資料都依賴人工鍵盤輸入或掃描條碼。但店裡的員工沒有時間整天盯著貨架，隨時更新資料，每家店的電腦系統可以說都是盲目的。店員不會發現我的唇膏缺貨，但消費者會發現，他們可能聳聳肩，挑選另外一款，我就失去這筆銷售；他們也可能就不買唇膏了，結果店家就損失一筆生意。找不到某款色號的唇膏在世界上是微不足道的問題，卻反映出一個大問題：電腦沒有感知能力。

這個問題如此顯著，卻很少人關注。1997 年，電腦已

經問世五十年，跟著大多數人一起長大，人們也習慣了電腦的運作方式，電腦處理人們輸入的資料，就像它的名稱一樣，電腦被視為用來思考，而非感知的機器。

但人工智慧機器起初的設定並不僅如此。1950 年，電腦的發明者圖靈（Alan Turing）寫下：「機器總有一天會在所有的智能領域和人類一較長短，從哪裡開始最好呢？許多人認為從下棋這類非常抽象的活動著手最好；也有一種說法是，讓機器盡可能具備最佳人工感知能力。這兩種方式都應該嘗試看看。」

非常少人嘗試第二種途徑。到 20 世紀，電腦越來越快，體積越來越小，而且能彼此連結，但仍然沒辦法「具備最佳人工感知能力」，電腦根本沒有任何的感知官能。即使是名為深藍（Deep Blue）的超級電腦，在 1997 年第一次擊敗西洋棋世界冠軍卡斯帕洛夫（Garry Kasparov），還是沒有電腦能知道貨架上有沒有某條唇膏，這是我想解決的問題。

我在唇膏裡放進一個微小的無線通訊晶片，並在貨架上放一個接收器，這個可以籠統稱為「倉儲系統」的小發明，後來成為我的第一項專利。利用 1990 年代剛開放的網際網路，把資料存在網路上，微晶片不但省錢，也節省記憶空間。為了讓 P&G 經營團隊了解這套系統可以把唇膏，以及尿片、

洗衣粉、洋芋片和其他各式物品與網路相連，我給它取了一個簡短而不太合乎文法的名字——「物聯網」（Internet of Things，簡稱為 IoT）。

為了實現這個想法，我開始與麻省理工學院的夏爾瑪（Sanjay Sarma）、布拉克（David Brock）和蕭（Sunny Siu）三位教授合作，在 1999 年共同成立研究中心，我從英國來到美國擔任研究中心主任。

2003 年，我們的研究獲得超過一百家企業贊助，在澳洲、中國、英國、日本、瑞士許多大學成立實驗室，麻省理工學院也跟我們簽署了優厚的授權協議，讓我們將技術商業化。

2013 年，我提出的「物聯網」一詞被收錄進《牛津字典》，定義為：「一項網際網路的發展趨勢，所有物品都可以藉由網際網路相連，互相發送及接收訊息。」

這個經驗與我讀過的創造力故事沒有一點相似之處，過程沒有魔法，也少有靈感的火花，只有成千上萬個小時埋頭苦幹。物聯網的建構既緩慢又艱辛，充斥著政治角力，錯誤不斷出現，不時與宏大的藍圖或策略脫鉤。我學習失敗，從而學習成功，學會預期衝突發生，學會不為逆境所困，讓自

已做好準備，從容應對。

我運用我的發明協助新創的科技事業，有一家公司被選為 2014 年十大「最具創意的物聯網公司」，另外兩家已經被較大的企業收購，其中一家創立還不到一年。

我也經常演講分享我的創造經驗，我最受歡迎的講題總是吸引了許多人，每每講完後，都要留下至少一個鐘頭來回答聽眾的提問，這個講題便是這本書的基礎。每一章都有一個真實的主人翁，每個故事的地點、時間、創造領域都不同，分別突顯一個關於創造的重要觀點，有些故事中還有故事，橫跨科學、歷史與哲學範疇。

總而言之，這些故事顯示出人類創造新事物的模式，這個模式令人振奮，同時也充滿挑戰。令人振奮的是，每個人都有能力創造，對此我們可以非常篤定地做出結論。挑戰則是，創造並沒有神奇的一瞬間這回事，創造者幾乎是窮畢生精力，面對懷疑、失敗、嘲弄和拒絕仍百折不撓，直到成功創造出嶄新且實用的東西。這裡頭沒有戲法、捷徑或速成的懶人包，過程是如此平凡，即便成果是那麼耀眼。

創造不是變魔術，而是下苦功。

CHAPTER 1

創造不需要天才，
創造其實很平凡

1 | 艾德蒙的香草

印度洋上，在非洲東方一千五百英里、澳洲西邊四千英里的位置有一座小島，葡萄牙文叫做 Santa Apolónia，過去被稱為波旁島，英文是 Bourbon，法文是 Bonaparte，今天的名字則是留尼旺島（Réunion）。島上最古老的小鎮聖蘇珊豎立著一座銅像，他是 1841 年的一個非洲男孩，一副上教堂的裝扮：單排扣外套，打著領結，直筒褲拖到地上。[1]他打著赤腳，伸出右手，手心朝上，大拇指和食指、掌心環繞成一個小圈，好像打算擲銅板的模樣。他是一名十二歲的孤兒，也是奴隸，他的名字叫艾德蒙（Edmond）。

世界上沒有幾座非洲奴隸孩子的銅像。要了解艾德蒙為何豎立在這孤寂的印度洋小島上，他的手為何這樣舉著，我們必須往西走，向後看，回到幾百年前幾千英里遠的時空。

位於墨西哥灣海岸，帕潘特拉這個地方的人自古以來就把一種藤狀蘭花的果實曬乾，作為香料，西元 1400 年，外來的征服者阿茲特克人稱之為「黑色花朵」，並對種植者課稅。1519 年，西班牙人將它引進歐洲，取名「小豆莢」或 vainilla。1703 年，法國植物學家帕魯密爾（Charles Plumier）重新名為 vainilla ——香草。[2]

香草很難種植，香草蘭是大型攀爬植物，但跟我們放在家裡觀賞的蝴蝶蘭完全不一樣，它可以存活幾百年，不斷生長，有些時候甚至繁衍覆蓋幾千平方英尺的面積，或向上爬到五層樓的高度。有個說法是，蘭花中，拖鞋蘭長得最高，虎蘭體積最大，但香草完勝兩者。數千年來，香草蘭的花朵是個謎，只有種的人才懂，它並不是阿茲特克人認為的黑色，而是顏色淺淺的管狀，一年開花一次，在早晨凋謝。如果花朵得到授粉，會結出長條狀的綠色莢果，九個月後才會成熟，香草莢果的採擷時間必須很精確，摘早了果實還太小，太晚了又會迸裂壞掉。採下的莢果要放在太陽下曬幾天，讓它熟透。這時聞起來還沒有香草的味道，還需要經過發酵的程序：白天日曬，晚上用羊毛氈包裹讓它發汗，如此持續兩個星期，才會產生香味。接著再等四個月讓莢果乾燥，最後用人工搓揉、拉直，成為油亮的黑褐色、價格貴重如金銀的香草莢。

　　香草的滋味風靡了歐洲，奧地利的安妮皇后，也是西班牙國王腓利三世的女兒，把香草加在熱可可裡。英國女王伊莉莎白一世則酷愛香草布丁。法國國王亨利四世把販賣假香草莢的人當成罪犯處以鞭刑。美國第三任總統傑佛遜在巴黎嘗到香草的滋味，從而寫下美國第一份香草冰淇淋的配方。

　　然而，沒有人能在墨西哥以外的地方成功種植香草。三百年間，被帶到歐洲的香草蘭不會開花，只有 1806 年一

座倫敦花房裡的香草曾經開花，再過了三十多年，比利時第一次有香草結果。

顯然，野生香草蘭的授粉過程有個重要環節被遺漏了。倫敦的香草蘭開花純屬偶然，比利時的香草蘭結果則經過了複雜的人工授粉。一直到 19 世紀末期，達爾文才發現有一種墨西哥小蟲可能是香草蘭的授粉媒介，但要到 20 世紀末，這亮綠色的小蟲才被辨認出是名為 Euglossa viridissima 的小蜜蜂。少了授粉的昆蟲，歐洲的問題大了。香草的需求節節上升，墨西哥一年卻只能生產一到兩噸，歐洲需要另外尋找供應來源。西班牙希望能在菲律賓種植香草蘭，荷蘭則嘗試在爪哇種，英國也看上印度，結果通通失敗。

艾德蒙在此時登場了。他在 1829 年出生於聖蘇珊，當時留尼旺島還稱為波旁島。艾德蒙的母親瑪麗絲死於難產，父親不明，由於奴隸沒有姓氏，他只有艾德蒙這個名字。艾德蒙的主人艾薇兒，在他幾歲大時，把他送給住在附近的哥哥斐賀婁。斐賀婁有一座農場，艾德蒙在主人跟前長大，隨著他學習種植各種水果、蔬菜和花卉，其中最奇特的，是一株從 1822 年開始種的香草蘭。

跟島上其他香草蘭一樣，斐賀婁的香草蘭也不曾結過果實。法國的殖民地拓荒者早在 1819 年就嘗試在島上種香草

蘭，經過一段時間，有些是種錯品種，有些很快就死掉，最後終於種活了上百棵香草蘭。但是留尼旺島並沒有比其他法國殖民地有更多的成功經驗，這些香草蘭很少開花，更從來沒有結果。

1841年的某個早晨，南半球的春天降臨這個小島，斐賀婁由艾德蒙陪著，在日常性的散步時，驚喜地發現香草蘭的藤蔓上掛著兩顆綠色的莢果。這株二十年「不孕」的香草蘭，居然結了果！接著讓他更驚訝的是，艾德蒙說是他幫香草蘭授粉的。

直到今天，留尼旺島還是有些人不相信這個故事，一個孩子、一名奴隸，還是非洲來的，居然解決了歐洲人幾百年來搞不定的問題，實在太不可思議。他們說一切不過是巧合——艾德蒙其實是和主人吵架，原本想要破壞花朵，或者根本是在花園裡跟女孩子調情罷了。

斐賀婁一開始也不信，然而，隨著莢果一顆顆長出來，幾天後，他要求艾德蒙示範他是怎麼做到的。艾德蒙先將香草蘭花的唇瓣往外撥開，用一支牙籤大小的竹籤，把阻擋蘭花自體受精的部位打開，然後把帶有花粉的雄蕊，與接受花粉的雌蕊輕輕捏在一起，後來法國人將這個手勢命名為「艾德蒙手勢」。斐賀婁隨即召集其他的農場主人，艾德蒙很快

就開始全島巡迴，教導其他奴隸如何為香草蘭授粉。經過七年，留尼旺島每年已經可以生產一百磅乾香草莢，十年後增加為兩噸，到了 19 世紀末，已經達到兩百噸，超過墨西哥的產量。

斐賀婁在 1848 年恢復艾德蒙的自由身，比留尼旺島的奴隸解放時間早了半年。艾德蒙被賦予一個姓：阿爾比斯（Albius），拉丁文意為「白皮膚的人」，一般認為在種族歧視嚴重的留尼旺，應該算是一種肯定；但也有人認為就當時的命名系統而言，其實是一種侮辱。不管本意到底如何，後續發展並不美好。艾德蒙離開農場去了城市，結果因偷竊罪名被關進監牢，斐賀婁沒辦法救他出監獄，但成功把刑期從五年減為三年。艾德蒙死於 1880 年，享年五十一歲。留尼旺的報紙《箴言報》（*Le Moniteur*）對此刊登了一小則報導，形容為「貧困且悲慘的結局」。

艾德蒙的發明一路散播到模里西斯、塞席爾群島，以及留尼旺西邊的大島嶼──馬達加斯加。馬達加斯加擁有種植香草蘭的理想環境，並且在 20 世紀成為世界最大的香草產地，產值超過一億美元。

供給增加，香草的需求也隨之高漲，今天，香草是世界上最受歡迎、價格僅次於番紅花的香料，廣泛應用在上千種

食材中。全世界的冰淇淋超過三分之一是傑佛遜原創的香草冰淇淋，此外，香草也是可樂的主要原料之一，據說可口可樂是全球最大的香草採購者。香奈兒五號香水，以及鴉片香精、天使香精中的迷人芬芳，都是使用最昂貴的香草調製，一磅售價達一萬美元。大多數的巧克力也含有香草，還有許多清潔用品、美容產品，以及蠟燭中也摻有香草。

1841 年，在艾德蒙向斐賀婁展示授粉方法的那一天，全世界生產不到兩千個香草莢，只產在墨西哥，由蜜蜂授粉而來。2010 年的同一天，全世界生產五百多萬個香草莢，產地有印尼、中國、肯亞，包括墨西哥，幾乎全是「艾德蒙手勢」的產物。

2 │ 數不盡的發明家

艾德蒙故事的特殊之處，不在於一個小奴隸能有重大的發明，而是他的成就能夠獲得世人認可。斐賀婁費了很大心力讓艾德蒙名留後世，他告訴留尼旺的農場主人，是艾德蒙最先幫香草進行人工授粉。他為艾德蒙四處遊說：「這個黑人小兄弟應該受到國家表揚，國家應該感謝他創造了一個新產業、一個神話般的產品。」留尼旺植物園園長理察一度聲稱是他發明這項技術，再傳授給艾德蒙。斐賀婁出面駁斥，

他寫道：「不知是年紀大記錯了，還是其他原因，理察先生幻想自己發現了給香草授粉的祕密，還幻想把這項技術傳授給真正的發明人。我們就讓他自個兒繼續幻想吧！」如果不是斐賀婁的努力，真相恐怕早已埋沒。

大部分的情況是找不到真相的，好比說，我們不知道是誰第一個發現蘭花果實發酵後會有好味道，香草製作技術的發明早已不可考。這並非例外，世界上大部分的創新發明，都是來自無名氏，不是來自某一小撮人，而是平凡的芸芸眾生。

在歐洲文藝復興之前，幾乎不存在諸如作者、發明者與所有權人這種觀念。到 15 世紀初期前，作者（author）一詞的意思是「父親」，源自拉丁文的師尊（aucor）。Auctorship 有權威的意涵，自四千年前巴比倫的吉爾伽美什國王統治烏魯克以來，是專屬國王與宗教領先的神聖權利，未曾與凡夫俗子分享。而發明者（inventor）源自 invenire，意指「發現」，而非發明，15 世紀中期之後才賦予發明、創造的意思。功績（credit）則是從 credo 而來，字義為「信任」，直到 16 世紀後期才有「認可」的含義。

難怪到 13 世紀末之前，我們幾乎不知道發明者是誰，不是因為無法記錄（書寫早已存在），也不是沒有發明創造

（我們今日使用的每一樣東西都可以追溯到人類文明之始）；主要問題在於，文藝復興之前的發明者不受重視。「至少發明某些東西的人應該要被認可」的觀念是一大進步，所以我們知道德國的古騰堡在 1440 年發明了印刷術，卻不知道是誰在 1185 年發明了英國的風車；我們也知道義大利波隆那聖多明尼加教堂的十字架，是皮薩諾（Giunta Pisano）在 1250 年畫的，但基輔黃金圓頂修道院聖完成於 1110 年的聖迪米區畫像拼貼，作者卻不為世人所知。

當然也有例外，我們都聽過千百年前許多古希臘哲學家的大名，從阿奎雍到芝諾，還有同期的一些希臘工程師，如尤帕里諾（Eupalinos）、菲羅（Philo）與西貝流士（Ctesibius）。我們也知道一些西元 400 年時候的中國書法家，如衛夫人和她的高徒王羲之。然而，這些例子並不尋常。一般說來，我們對於發明者的認識大約從 13 世紀中期開始，隨著歐洲 14 到 17 世紀文藝復興進展而增加，直到現在。造成這項改變的成因很複雜，史學家至今仍然爭論不休，包括歐洲教廷內部的權力爭鬥、科學的興起，以及古哲學的再發現等，比較沒有爭議的是，西元 1200 年之後，大多數的發明者才開始享有應得的聲名與榮耀。

另外一個原因是專利權的誕生，為發明該屬於誰設定了嚴格的限制。第一個專利在 15 世紀的義大利出現，英國

與美國是 17 世紀，法國則是 18 世紀。現代化的美國專利商標局於 1790 年 7 月 31 日核准第一個專利，到了 2011 年 8 月 16 日，核准了第八百萬個專利。[3] 專利局並沒有記錄這些專利由多少人所擁有，經濟學家特拉登伯格（Manuel Trajtenberg）想出一個統計法，他從姓名來分析，再對照郵遞區號、共同發明人和其他資料，找出每一個個別的發明人。依照特拉登伯格的資料，截至 2011 年，共有超過六百萬個人獲得美國專利。[4]

這些人數並不是平均分布在每一年，而是逐年增加。[5] 第一百萬名專利發明人出現在專利局成立的第一百三十年，第兩百萬名只過了三十五年，第三百萬名又縮短到二十二年，第四百萬名十七年，第五百萬名十年，到第六百萬名僅花了八年。即使剔除外國發明家與人口增加變數，趨勢還是一樣。西元 1800 年，大約每十七萬五千名美國人中，有一個人取得專利；到了 2000 年，差不多每四千人中就有一人擁有專利。[6]

並不是所有發明都能取得專利，書籍、歌曲、喜劇、電影，還有其他的藝術作品是由版權保護，在美國由版權局管轄，隸屬於國會圖書館。版權的成長趨勢與專利同步，1870 年有五千六百件作品註冊版權，到 1886 年成長到超過三萬一千件。國會圖書館員史巴佛德（Ainsworth Spofford）還

陳請要求增加空間，他在給國會的報告中寫道：「最近完成年度書籍及手冊盤點，實有必要重申這項工作的困境與窘況。每一年、每個月不斷新增的收藏，讓圖書館壅塞不堪的情形雪上加霜，許多房間已經塞滿主館放不下的藏書，但大量的圖書仍無處安置，問題越來越嚴重。」[7] 情況持續惡化。1946 年，版權註冊專員華納（Sam Bass Warner）報告指出，「版權註冊的申請數量達到二十萬兩千一百四十四件，是版權局成立以來的歷史新高，這個數量遠超乎現有國會人員所能負荷，懇請允許增加人力以因應業務需求。」[8] 到了 1991 年，版權登記高達六十萬件的鼎盛時期，和專利一樣，增加幅度超過人口的增長。1870 年時，平均每七千人有一個版權登錄[9]；1991 年的數字是，每四百人就有一個。

科學界的情況相同。《科學引用索引》（*The Science Citation Index*）記載全世界由同儕審核的重要科技期刊。1955 年時，這份索引共記錄了十二萬五千篇科學論文，平均每一千三百五十個美國人一篇；2005 年的論文數量已經超過一百二十五萬，每兩百五十名美國人就有一篇。[10]

專利、版權與同儕審核論文並不是理想的例子，它們的成長是由金錢和知識推動，不見得每件審查核可的成品都是好的。另外，我們稍後會看到，把功勞歸於個人是有誤導性的。創造發明是一個連鎖反應，數以千計的人都曾經貢獻心

力，而絕大部分是無名氏。這些數字如此龐大，就算我們算錯了或算少了，都難以忽略一個重點：過去幾個世紀以來，在越來越多的領域，有越來越多的人被賦予「發明家」的稱號。

我們的創造力從來沒有如此豐沛過。文藝復興時期，人們出生時已經享有成千上百的發明成果：衣服、教堂、數學、寫作、藝術、農業、船舶、道路、寵物、房屋、麵包與啤酒，族繁不及備載。20 世紀下半葉以及 21 世紀的頭一個十年，創造發明看起來更是空前旺盛，我們等一下會再探討成因。這樣的數字告訴我們一個事實：當我們開始細數發明家有多少人時，這才發現原來這麼多。在 2011 年第一次取得專利權的人，幾乎和觀看納斯卡賽車（NASCAR）的現場觀眾一樣多。[11] 創造這件事並不是少數菁英的專利，甚至扯不上關係。

問題不在於發明是否專屬於極少數人，反而要問：在我們之間，誰有創造力？答案遠在天邊，近在眼前，就是我們每個人。拒絕相信沒受過教育的艾德蒙能發明重要的事物，根植於創造必定是奇妙非凡的迷思。創造本身不見得多麼特別，即使有些發明會帶來非凡的成果。創造是屬於凡人的，我們每一個人，都有能力創造。

3 | 創新，是人之所以為人的關鍵

就算沒有數據，也可以輕易了解，創造並不僅限於少數天才瞬間的靈感乍現。創造無所不在，我們所見、所感的一切，都是源源不絕的創造發明累積構築出來的。

這本書便是創造的結果，你會讀到，或許是你自己發現，或許是別人發現後告訴你。書的寫作必須利用發明，你閱讀時也少不了發明的產物，你可能正點亮一盞燈，不然日落後也需要點燈。你感覺冷、熱或不冷不熱，也是因為有衣物、牆壁和窗戶這些發明。你頭頂上的天空白天煙霧瀰漫，夜裡燈火闌珊，這些都是人類的發明。仔細看！天空中可能偶有飛機或人造衛星經過，留下水氣緩慢溶解的痕跡。蘋果、牛隻，以及其他農作物，雖然是天然的，卻也是創造的產物，人類幾千年來的繁衍、飼養、耕種，除非你就住在農場，不然還有保存與運送。

你本身也是一件創造的產物。父母相遇、你的出生、孕育，乃至於受孕，一路上有各種發明鋪路。它們在你出生之前先掃除了致命的疾病和危險，以及出生之後的預防接種，保護你免受一些疾病侵犯，生病時提供治療，受傷時癒合傷口，舒緩疼痛。世世代代都一樣，吃喝拉撒無一可免。你身處此地，是車輛、鞋子、座椅或船隻帶著你、你的父母、祖

父母，到現在稱為家的地方。如果沒有早先的發明，你很難有棲身之地，不是夏天太熱、冬天太冷，不然就是太潮濕、太低窪，離水源或農地太遠，或有野獸出沒，或以上皆是。

仔細聽！你也會聽到創造之音。呼嘯而過的警笛、遠處的音樂、教堂鐘聲、手機鈴聲、割草機與吹雪機的轟隆聲、籃球與腳踏車聲、廣播聲波、錘子與鋸子、冰塊溶解的喀喀作響，或者一聲犬吠──幾千年前被人類揀選馴養的狼轉化而來，或者貓咪的呼嚕聲──一萬年前被人類揀選馴養的非洲野貓。[12] 任何人類有意識介入的事物都是一項發明、一項創造，是嶄新的事物。

我們裡裡外外都被創造包圍，無時無刻，無論眼裡看到或耳朵聽到，因此我們反而視而不見，聽而不聞。我們與創新共生共存，不是我們做了什麼，而是我們的存在即是創新。創新影響我們的平均壽命、我們的身高、體重、步伐、生活方式、居住的地點、思考與做事的方法。我們改變工藝與科技，也從而改變了自己。地球上每個人，兩千個世代以來都是這樣，從我們的祖先開始想要改善手上的工具以來，便是如此。

我們創造的每一樣東西都是為特定目的而造的工具。會使用工具的物種並不稀奇，海狸會築壩，鳥兒會築巢，海豚

會用海綿來捕魚 [13]，黑猩猩會用棍子挖掘植物的根莖，也會用石頭打開硬殼的食物，水獺能用岩塊敲開螃蟹，大象用鼻子揮舞樹枝來驅趕蒼蠅。但很明顯地，人類的工具要好得多，胡佛水壩遠勝過海狸的水壩，但是，原因是什麼？

我們的工具並不是一開始就領先，六百萬年前，演化的道路出現分歧，人類的近親黑猩猩與我們分道揚鑣，走上不同的發展。許多人種相繼出現，包括能人、海德堡人、匠人、盧多爾夫人等等，其中有些人種的狀態仍有爭議，有些尚待發掘，他們都屬於人類，但卻與我們不同。

原始人也使用工具，最早是拿尖銳的石頭來切開果核、水果，可能還包括肉類。後來某些人種製造出有雙面刀刃的斧頭，這需要更細膩的技術與近乎完美的對稱感。但是除去一些微調不算，這些工具在一百萬年內幾乎沒什麼變化，不管是在什麼時間或在哪裡使用，即使綿延傳遞了兩萬五千個世代，也沒什麼修改。[14] 遠古人類的斧頭設計，就像海狸的水壩或鳥類的巢，是出於本能的製造，而非思考。

與我們最相近的人類出現在二十萬年前，稱為智人。但智人與我們最大的不同，在於他們使用的工具也是簡單而且缺少變化，原因不詳。智人的腦子與我們差不多大小，和我們一樣有對稱的大姆指、感官與力氣。然而，智人存在的

十五萬年間，他們使用的工具和其他人類遠祖沒兩樣，乏善可陳。

一直到五萬年前，轉機出現。智人長久以來使用粗糙、沒特色的石頭器具，開始有了變化，而且進展非常快速。在此之前，這個人種和其他物種相同，不會創新，他們使用的工具和父母、祖父母、曾祖父母使用的通通一樣。他們會製做，但不會想做得更好。代代相傳，沒有變化，是出於本能，僅是演化過程的產物，不是有意識的創造。

有一天，人類歷史上的關鍵時刻終於來臨。某個原始人看著某項工具，突發奇想：「我可以做得更好一點。」這個原始人的後代便是現今人類的祖先，他們就是我們。人類所有的發明，都是創造的成果。

擁有改變的能力，是一切改變的根源。這種想要更好的動力，給了我們超越其他物種，甚至其他人種的巨大優勢。在幾萬年間，其他的人種相繼滅絕，由一個人種取而代之，他們身體構造相近，而且擁有一個共同的特色——不斷改良技術。

創新，使人類有別於其他生物，成為主宰地球的物種，並不是我們的腦容量大、會說話或會使用工具這麼簡單。我

們每個人都有追求更好的內在動力，我們擁有創新的演化利基，創新利基並非少數人獨享的特權，而是人之所以為人的關鍵所在。

我們沒辦法了解，五萬年前，究竟是哪一個演化的星星之火，點燃了創新的火炬，遠古的化石沒有留下絲毫可供追溯的痕跡，但可以確定，我們的身體，包括腦容量，並沒有什麼改變，與人類最相近的始祖智人，外表跟我們幾乎沒有兩樣，因此可以合理推論，答案應該在我們的心智：大腦細胞的精密安排與連結，裡頭有某些構造出現了變化，或許是十五萬年來不斷微調後的結果。不管實際過程如何，這個變化影響深遠，源遠流長在今天每個人的身上。行為神經學家卡塞利（Richard Caselli）說：「雖然人類個體之間存在巨大的質量差異，但創造力最強與最弱的人之間，創造行為的神經生物原理是一樣的。」[15] 簡單來說，我們都擁有創造的心智。

創造力迷思實在錯得離譜，以上不過是原因之一。創造沒什麼稀罕，我們天生就會。若說有什麼神奇之處，也是因為一切渾然天成。如果我們之間有人比較擅長這件事，是因為創造和說話或走路一樣，是人類的一種能力，而我們生來不同，就像並非人人都是天生的演說家或運動員，但是，我們都有創造力。

人類的創造能量廣布在我們之間，不是集中在少數人身上。人類創造的事物是如此博大精深，並不是少數人、少數步驟就能囊括，而是廣大的人們殫精竭慮造就而成。發明是漸增累積的，是一連串微小、持續的改變。某些改變開啟了嶄新的機會之門，我們稱之為「重大突破」，其他則是微小而不引人注目，但如果仔細去看，經常可以發現，一個微小改變促成另一個改變。有時候只在某個人腦海裡，或幾個人之間，有時候橫跨不同洲或不同世代，有些只花費幾小時、幾天，有些甚至幾世紀，創新的薪火永不停息地接力交替著。人類的創造自相融合，如複利般滾雪球增加，因此我們每一天的生活都建築在前人發明的總體成果上，周遭的每一個事物，無論新舊，無論多渺小或多簡單，無不承載著成千上萬個人——有些仍在世，多數已作古——的故事、思想與勇氣，是五萬年來的創新結晶。我們的工具與工藝，代表著人類的本性、傳承，以及祖先賦予的不朽遺產。我們的發明是人類演進歷程的篇章，一篇篇關於勝利、勇氣、創作、樂觀、適應與希望的故事；不是某地、某人，而是各地都有的故事。這些故事以共通的語言書寫，不是非洲、美洲、亞洲或歐洲語言，而是人類的語言。

　　創造是合乎人性，也是與生俱來的，多麼美好！人類的創造十分相似，雖然個體的長處與性向有別，但幾乎是大同小異，我們與達文西、莫扎特和愛因斯坦的相同之處，遠大

於相異之處。

4 ｜ 天才迷思

文藝復興時期相信創造是天才的專利，這個想法經過 17
世紀的啟蒙運動、18 世紀的浪漫主義、19 世紀的工業革命，
歷久不衰。直到 20 世紀中期，一個不同的思考——每個人
都有能力創造——首度在關於大腦的早期研究中萌芽。

1940 年代，大腦仍是一個謎。人體的奧祕隨著幾百年
來醫藥的進展，已經被大量揭露，唯有獨立產生意識的大腦，
始終令人費解，也難怪創造的理論被歸因於神奇的魔法。大
腦，創意之源，基本上是一個三磅重、灰白色、看不透的謎
團。

二次大戰後，西方逐漸復甦，新科技出現，其中一項
是電腦。這個機器腦袋開始讓我們得以理解人腦，1952
年，艾胥比（Ross Ashby）在《大腦的設計》（*Design for a
Brain*）這本書中興奮且優雅地描述了這個新思維：

最根本的事實是，地球存在已超過二十億年，物競天擇
從未間斷，現今能存活下來的生物，是最專精於生存藝

術的物種，其中包括大腦──在演進過程中進化成為生存利器的器官。神經系統和一般的生命物質，基本上與其他物質相同，天降奇兵、瞬間翻轉的戲劇化情節是不存在的。[16]

簡單的結論就是：大腦不需要神奇魔法。

一名叫做紐維爾（Allen Newell）的舊金山人，這段期間正好在求學，受到時代的召喚，他放棄原本想當森林巡邏員的計畫（一部分原因或許是他的第一份工作是用牛肝餵養鱒魚幼苗），投身成為科學家。1954 年 11 月的某個星期五下午，他在一場機械圖形辨識的研討會中，體驗到日後被他稱為「天啟」的經驗，隨後決定窮盡畢生之力，專攻一個科學問題：「人類心智在物質世界中是怎麼產生的？」[17]

「我們已經知道，世界由物理原理主宰，」他解釋，「我們也了解生物學如何棲息其間，問題是，人的心智在其中如何運作？我相信一切都有詳細的解答，我要把答案找出來，知道這些齒輪與活塞是怎麼接合運轉的。」

紐維爾開始他的研究，後來成為最早了解創造不需要天才的人之一。他在 1959 年發表一篇論文〈創造性思考歷程〉（The Processes of Creative Thinking），在讀完當時為數不

多關於創造的心理學文獻資料後，他提出一個激進的想法：
「創造性思考不過是一種特殊形式的解決問題行為。」

他用一種輕描淡寫的口吻，通常這在學術界是胸有成竹的表示，說明他的看法：

> 近期的研究資料顯示，創造性與非創造性思考的過程並沒有特殊差異。單就統計數據來看，無法區別高技能或業餘人士的創造歷程有何差別。創造似乎只是一種解決問題的活動形式，通常針對新奇、不合常規、堅持不懈，以及難以定義的問題而來。[18]

天才與創造的說法從此逐漸沒落，人工智能機器的問世，促使思考的相關研究更加嚴謹。創造力看起來越來越像是人腦的內建功能——可能是標準配備，不需要額外天分。

紐維爾並沒有宣稱創造力人人均等，創造力與所有人類天賦的能力一樣，有高低不同程度，但是人人或多或少都有，而不是有或沒有，天才與凡人涇渭分明。

紐維爾的研究，以及其他人工智慧領域專家的研究，動搖了創造力迷思，新一代的科學家因此能開始從不同的角度來思考這個問題。其中最重要的一位是韋斯博格（Robert

Weisberg），費城天普大學的認知心理學家。

韋斯博格大學時代正值人工智慧革命崛起，1960 年代初期他在紐約，之後在普林斯頓大學取得博士學位。他在 1967 年進入天普大學任教，他一直努力證明創造是天生的、尋常的，人人都做得到。[19]

韋斯博格的觀點很單純，他以紐維爾的論點為基礎，認為創造性思考與解決問題沒有兩樣，並且引申為，創造性思考與一般性思考一樣，僅僅成果不同。他的說法是：「當我們說某個人的想法很有創意，其實是針對思考過程的結果來評斷，而不是過程本身。儘管這些創新想法的影響和成果有時十分重大，但產生的機制可能非常平凡。」[20]

換個說法，一般性思考本來就夠豐富與複雜，足以在某些時候產生不凡的、甚或創新的結果，不需要另一套程序。韋斯博格用兩種方式來證明他的主張：設計周密的實驗，以及詳細的創新個案研究，範圍從畢卡索最著名的畫作《格爾尼卡》（*Guernica*）、DNA 的發現，到爵士樂女伶哈樂黛（Billie Holiday）的音樂都涵蓋在內。針對每一個案例，韋斯博格同時引用實驗與史料，論證創造力可以不用天縱英才或靈光乍現來詮釋。

韋斯博格沒有提到艾德蒙，但他的理論也適用於這個故事。艾德蒙發明香草授粉法，一開始看起來像憑空生出的奇蹟，但他晚年時，斐賀婁終於透露了這名年輕奴隸如何破解黑色花朵的祕密。

　　斐賀婁的故事回溯到 1793 年，當時德國一名自然學者史潘格（Konrad Sprengel）發現，植物的繁衍是有性的，史潘格稱之為「自然的奧祕」。但這個奧祕並沒有廣為流傳，因為史潘格的同儕並不想接受花朵也有性生活這件事。[21] 雖然如此，這項發現還是散播出去了，尤其是植物學家與農人，他們對栽種育種的興趣遠大於對花朵進行道德批判。像斐賀婁便知道人工繁殖西瓜的方法，就是讓「雄性與雌性器官結合」，他曾經示範給艾德蒙看過，根據他的描述，艾德蒙後來「醒悟到香草蘭也有雄性與雌性器官，於是自己努力研究如何讓兩者結合。」艾德蒙的發明，儘管帶來巨大的經濟效益，仍然是漸進過程中的一小步，也無損這項發明的創新成就。所有偉大的發明，即使看似石破天驚，都不過是站在前人基礎上的小幅躍進。

　　韋斯博格的著作副標為「天才與迷思」或「關於天才的迷思」，並沒有完全破除創造是神奇的，或創造者是特別的，這樣的奧祕比較容易賣。今天的書店，以下的書名俯拾即是：「關於創意，沒人告訴你的十件事」、「開啟創意的

三十九把鑰匙」、「讓創意源源不絕的五十二種方法」、「解放創造性思考的六十二個頭腦體操」、「關於創意的一百個假設」、「喚醒腦袋的兩百五十個祕笈」等等。[22] 韋斯博格的書已經絕版,創造力的迷思並沒有輕易絕跡。[23]

雖然迷思仍在,但影響力已經不如從前。韋斯博格並不是唯一倡導「創造非神蹟,人人皆可為」的專家。羅賓森(Ken Robinson)因創造力相關的著作與教育被英國女王封為爵士。他最廣為人知的事蹟,是在 TED 加州年會上的一場有趣又感人的演講,其中一個主題是教育如何扼殺了創造力,他指出:「兒童擁有最特別的能力,就是創新的能力。」他還說:「所有孩童都有卓越的稟賦,只是被我們無情地浪費掉了。」羅賓森的結論是:「今天的教育,創造力應該和讀寫能力一樣重要,必須同等重視。」[24] 漫畫家麥克里歐(Hugh MacLeod)有更生動的詮釋:「人人都有創造的天賦,就像每個人幼稚園都會有一盒蠟筆一樣。就算長大了,有時候忽然靈光一閃,其實是殘存的創意小蟲在輕輕告訴你:請把蠟筆還給我。」[25]

5 | 「白蟻」計畫

如果天分是創造的必要條件,創造力應該可以事先辨

認。過去曾經有過許多這類實驗，最著名的實驗是 1921 年由特曼（Lewis Terman）主導，至今仍持續進行中。[26] 特曼出生於 19 世紀，是認知心理學家，也是優生學者，篤信可以把人依據能力分門別類，透過篩選並控制生育來改良遺傳，優化人種。他最有名的分類法稱為「史丹佛—比奈智商測驗」，把兒童智能依照量表分類，量表的兩端是白痴與天才，中間再劃分為智能障礙、低智商、有缺陷、普通遲鈍、中等、優秀，以及非常優異。特曼對這套測驗的準確度充滿信心，認為可以清楚無誤地揭露一個人的未來命運。他也像多數的優生學家，相信非洲裔美國人、墨西哥人與其他種族的基因遜於英語系白人，形容他們生來就是伐木工和取水工，沒有能力成為聰明的選民或夠格的公民，並主張這些族裔的小孩應該特別隔離出來，成人不應該有繁衍下一代的權利。特曼與其他優生學家不同的是，他以實際行動來驗證他的偏見。

他做了一個名為「天才基因研究」，是大規模的縱向研究，意即針對個案進行長期的追蹤。這項實驗追蹤一千五百名加州孩童，都是經過特曼智商測驗或類似測驗認證的「資優兒童」，幾乎全是出身中上階層的白人家庭，且大多數是男孩。不意外地，在十六萬八千多名孩童中選出一千五百人，其中只有一名黑人、一名印第安人、一名墨西哥人和四名日本人。這群入選的受試者平均智商一五一，被稱為「白蟻」

（Termites），每五年蒐集一次生活歷程資料。特曼在 1956 年過世，繼任者接手這項研究，將持續進行到最後一名參與者退出或死亡為止。

在這項實驗進入第三十五年時，特曼驕傲地列舉「他的孩子們」傲人的成就：

將近兩千篇科技論文與研究報告、六十幾本科學、文學、藝術與人文著作，專利累計超過兩百三十個，其他著作包括：三十三本長篇小說、三百七十五篇短篇故事、中篇小說及劇本、六十篇以上的散文、評論、素描，還有兩百六十五篇各式作品。另有數百篇新聞報導、社論與報紙專欄文章，數百、甚至上千篇廣播、電視或電影劇本。

「白蟻」的身分是保密的，只有三十人公開他們曾經參與這項研究，其中不乏知名的創作者。歐本海默（Jess Oppenheimer）進了電視圈，曾經擔任收視第一的艾美獎喜劇《我愛露西》（*I Love Lucy*）的主要籌畫人。迪米區（Edward Dmytryk）是電影導演，拍攝過五十部以上好萊塢電影，包括《凱恩艦事變》（*The Caine Mutiny*），提名多項奧斯卡，由萊鮑嘉（Humphrey Bogart）主演，是 1954 年賣座電影第二名。

其他參與者的際遇落差頗大，許多人後來從事平凡的工作，如警察、技術員、卡車司機與祕書，有一人成為陶匠，最後進了精神病院，還有一人靠清潔游泳池維生，還有一些人領社會救濟金度日。特曼在 1947 年不得不承認：「我們發現智力與成就間的相關性遠不如預期。」儘管特曼已積極協助實驗參與者，為他們寫推薦信，提供指導和介紹資源。電影導演迪米區十四歲時逃離暴力父親，當時特曼便曾寫信幫他。特曼向洛杉磯少年法庭解釋迪米區是資優生，應該酌予特殊考量。他因此從受暴童年中被拯救出來，安置到一個良好的庇護家庭。而電視製作人歐本海默原本是成衣銷售員，直到特曼協助他進入史丹佛大學就讀。有些「白蟻」加入特曼的教育心理研究領域，許多進入他任教的史丹佛大學，還有一名「白蟻」在特曼過世後接手他的研究。

這項研究的錯誤及偏差不在本書討論範圍，重點是被特曼排除在天才之列以外的孩子們，後來怎麼了？天才理論認為，只有特曼認證的天才才有創造力，其他人不可能有創新之舉，畢竟，他們都不是天才。

這是特曼的研究失敗之處，特曼沒有創造一個非天才的控制組供對照，我們只能看到這數百名入選孩童的日後發展，對其他數千名未入選者所知有限。不過，我們得知的少數案例，就已經足夠打臉天才理論。特曼曾經考慮、

最後拒絕的男孩夏克利（William Shockley）和阿爾瓦雷思（Luis Alvarez），兩人後來得了諾貝爾物理獎。夏克利是電晶體的共同發明人，阿爾瓦雷思則因核磁共振的研究獲獎。夏克利成立了夏克利半導體公司，是矽谷最早期的科技企業之一，之後公司裡一些員工相繼出來創立了快捷半導體（Fairchild Semiconductor）、英特爾和超微（Advanced Micro Devices）。阿爾瓦雷斯則與兒子沃特一起研究提出「阿爾瓦雷斯假說」——彗星撞擊造成恐龍滅絕，經過數十年的爭論，科學界已經接受這項假說並視為真實。

特曼在辨認創造力方面的失敗，並沒有讓天才理論壽終正寢，或許他對天才的定義不夠充分，或者夏克利與阿爾瓦雷思當時的施測過程出了差錯。但是這兩人的重大成就，讓我們不得不考慮另一個結論：天分不能用來預測創造力，因為它不是必要條件。

後續的研究試圖做修正，特別針對創造力進行測試。心理學家托倫斯（Ellis Paul Torrance）從 1958 年開始，針對明尼蘇達州的學童進行一組測驗，即「托倫斯創造性思考測驗」，題目包括：針對一塊磚想出特別使用方式、構思如何改進某個玩具、用某種特定形狀如三角形，即席畫出一幅圖畫。研究人員根據每個孩子提出的想法多寡、是否與眾不同、有沒有獨特性，以及涵蓋細節的多寡，評估個別孩童的創造

力。二次大戰後的心理學界對於思考的看法，與過往已有顯著差異，托倫斯的研究也顯示出這點。他懷疑創造是「每個人每一天都伸手可及的事」，並且試著修改測驗方法，減少種族與社會經濟造成的誤差。[27] 與特曼不同的是，托倫斯不認為他的方法可以預測未來成果。「測驗能力優異的人，並不一定擁有高創造力的行為態度。」他寫道：「然而，擁有這些優異的能力，展現創意行為的機會比較大。」

以上顯然較為實際的預期，在托倫斯測試的明尼蘇達孩童身上究竟表現如何呢？第一個後續追蹤研究在 1966 年，以 1959 年受試兒童為對象，他們挑選三名想法最棒的同學，填寫一份關於自己作品的問卷，比對七年前的資料，結果呈現出不錯的關連性，比特曼的實驗好得多。第二次的追蹤研究在 1971 年執行，兩次幾乎沒什麼差異。托倫斯測驗似乎是一個預測創造力的合理方式。

答案在五十年後終於揭曉，隨著托倫斯的研究參與者結束事業生涯，他們的創造力成績也一覽無餘。結果很單純，六十位回覆的參與者中，沒有一位測驗得分高的人曾經創造出任何獲得公眾認可的成果，倒是有不少人做到托倫斯及其跟隨者口中的「個人成就」，例如組織一個行動團體、蓋一棟房子或追求某項創意嗜好。預測哪些人的人生比較富創意，托倫斯測驗算是達到低標，但是預測哪些人的創造力能

在工作大放異彩，仍是沒什麼斬獲。

　　托倫斯無意間還做了一件事，他再一次驗證了特曼的實驗結果，雖然特曼頑固地不願正視，那就是：天才與創造力無關，即使是經過廣泛定義與大規模的評量。特曼的研究顯示，創造力與一般的聰明才智沒有關連，所以他才會看走眼諾貝爾獎得主夏克利和阿爾瓦雷思。我們現在可以稱這些人是創造天才，但是天才只有在創造出成果後才能辨認，所謂天才說，不過是後見之明。

6 ｜創造是平凡的舉動

　　天才說顯然經不起檢驗，創造者太多，創新發明太多，事先能做的預測太少。那麼，創造究竟是怎麼發生的？

　　答案就藏在創新發明者的故事裡。創造的故事通常有跡可循，創新是最終結果，由許多看似微不足道的行動漸次累積，一旦突破，便能改變世界。創造是平凡的舉動，但創造帶來的創新發明，卻是非凡的成就。

　　艾德蒙的故事是尋常還是不凡？如果我們能穿越時空，回到 1841 年斐賀妻的留尼旺農莊，我們會看到一幕平凡不

過的場景：一個男孩跟隨一名老人穿梭在花園裡，聊著西瓜的栽種，男孩隨意地翻看著花朵。如果我們回到 1899 年，我們就會看到一項驚人的成就：整個留尼旺島翻了身，世界也改變了。從結果來看，我們很容易把一項舉動想像得過於偉大不凡，例如艾德蒙徹夜與授粉難題搏鬥，月光下寤寐中靈光一閃，一名十二歲小黑奴從此翻轉了留尼旺與全世界。

　　然而，創造的起源是尋常的平凡舉動。艾德蒙出於孩童的好奇，以及每天與斐賀婁在花園漫步，學習植物的知識。斐賀婁擁有豐富的植物學新知，包括達爾文和史潘格的學說，艾德蒙將這些知識應用在香草蘭上，用一支小竹籤與自己的小小手指，發明香草授粉法。揭開神祕面紗之後，這些發明其實是和你我一樣的平凡人所做的普通的事。

　　這個事實並沒有讓創造變得比較簡單。奇蹟稍縱即逝，天才更非生命的必然，拿掉這些，唯一奧祕就是下苦工。

　　下苦功，是創新發明的靈魂。下苦功是起早趕晚、不眠不休、一寫再寫、一改再改、重複做、天天做、嘔心瀝血、搜索枯腸，即使毫無頭緒也要開始，走不下去也不能放棄。過程一點也不好玩、不浪漫，大多數的時間根本毫無樂趣可言。想要從事創造，就必須──套句小說家葛里克（Paul Gallico）的名句：「劃破血管，讓血液蔓延。」[28]

創造沒有祕訣，當我們詢問作家如何創作、科學家如何研究，或發明家的點子哪裡來時，總是希望得到些根本不存在的答案：竅門、配方，或是某種召喚奇蹟的儀式——除了苦工之外的選擇。但這樣的東西並不存在，創造只能下苦功，就是如此簡單，也如此困難。

消除了迷思，選擇就很清楚了。如果創造不需要天才或神蹟，唯一能阻止我們創造的就只有我們自己。不去做的理由可以有一籮筐，第一，先前就提過，創造一點也不容易、不輕鬆，創造需要苦工。

另一個理由是：我沒時間。但時間是最公平的，人人都一樣，一天二十四小時、一星期七天，生命長短不知，不管最富有、最貧窮，所有人都是平等的。當我們嚷著「沒有多餘的時間」時，這世界上有個單親媽媽（J‧K‧羅琳）在愛丁堡的小咖啡館裡，趁著襁褓中的女兒睡覺時，寫出暢銷全球的系列小說[29]；還有一個洗衣店工人（史蒂芬‧金），從拖車機房開始他的創作生涯，最後出版了五十多本小說[30]；還有法國監獄裡的一名囚犯（潘恩〔Thomas Paine〕），在等著被送上斷頭台前，提出了撼動世界的哲學思想[31]；還有一個專利審查員（愛因斯坦）在短短一年內，推翻了三個世紀以來的物理定律。時間從來不虞匱乏。

第三個理由是最大的阻礙，足以讓夢想一槍斃命，無論說詞怎麼變，都只有一個意思：我做不到。這是「唯天才能創造」迷思的毒果實。我們沒有人自命不凡，我們從來沒有在夜裡從浴室鏡子看到自己的臉在發光。「我做不到。」我們都是這麼說的。我做不到，因為我一點也不特別。

　　其實，我們是特別的，但這根本不重要，真正重要的是，創造並不需要特別。創造力迷思是錯的，為了用偉大的人物和偉大的行動來解釋偉大的成就，而曲解了事實。創造不過是平凡人的平凡之舉，並不需要特別。

　　創造唯一需要的，就是開始做。一旦開始做，就沒有所謂的「做不到」。創造的第一步不可能完美，想像力也需要反覆練習。創新的事物不會一出現就完好無缺，我們腦袋中的絕妙點子一旦拿到現實世界，就顯得搖搖欲墜。第一幅草圖的最大用途通常是填滿空白，此時品質並不重要，只有一種草圖是糟糕的——我們沒畫的那幅。

　　如何創造？為什麼要創造？本書接下來就是關於這兩個問題。至於創造什麼，只有你能決定。你或許知道，或許只有一點點微弱的想法，就算沒有，也無需憂慮。怎麼做與做什麼，是相關的，只要開始，答案自然接踵而至。

CHAPTER 2

沒有所謂的創造性思考，
思考跟走路沒兩樣

1 | 鄧可的認知革命

柏林一度是世界創意之都，戲院成天上演著萊茵哈特（Max Reinhardt）與布萊希特（Bertolt Brecht）的新作，滑稽又帶點黃腔的脫口秀在夜店大行其道，這時的愛因斯坦正進入普魯士科學院，托瑪斯‧曼（Thomas Mann）則預言國家社會主義即將滅亡[1]，德國經典電影《大都會》（*Metropolis*）與《不死僵屍》（*Nosferatu*）上映後場場爆滿，這是柏林人口中的「黃金年代」，一個擁有瑪琳‧黛德麗（Marlene Dietrich）、葛麗泰‧嘉寶（Greta Garbo）、約瑟夫‧彼拉提斯（Joseph Pilates）、魯道夫‧史坦納（Rudolf Steiner），以及佛列茲‧朗（Fritz Lang）的年代。

這樣的時代、這樣的城市，醞釀出對思考的探索，德國心理學家開始針對心智運作提出相當激進的看法，曼海姆的一位教授蕭茲（Otto Selz）最早主張思考是可以觀察、檢視，以及描述的過程。當時的心理學界多數仍認為腦袋裡的思維既神奇又神祕，但是對蕭茲而言，不過是一種生理機制。

當 1930 年代到來，蕭茲聽到了厄運逼近的腳步聲，他是猶太人，而希特勒正崛起。柏林的創作盛世進入窮途末路，破壞和毀滅即將來臨。

過去蕭茲一直在問一些心理學的問題：人的心智如何運作？如何測量？如何證明？現在蕭茲必須問自己更實際的問題：他將面臨什麼命運？能躲得掉嗎？他還剩多少時間？

　　此外，對蕭茲而言同樣重要的問題——如果最後難逃此劫，他的思想能否留存下來？除了相信上帝之外，他幾乎無計可施。1933 年，納粹禁止他繼續工作，也禁止別人引用他的研究結果。蕭茲的名字就此從文獻上消失。

　　幸好至少有一個柏林人知道蕭茲的研究，蕭茲被納粹封殺時，鄧可（Karl Duncker）三十歲，他不是猶太人，外表看起來像雅利安人，白皮膚、金頭髮、雕像般的下顎。但鄧可仍然無法高枕無憂，他的妻子是猶太人，父母是共產黨員。雖然研究成績十分傑出，他兩度申請柏林大學[2]的教職都遭到拒絕。1935 年擔任研究員的鄧可被學校開除了。[3]他發表了一部大師級著作《論解決問題》（*On Problem Solving*）[4]，在書中故意引用蕭茲的研究多達十次，以示對納粹的反抗，隨即逃往美國。

　　黃金年代結束了。小說家伊胥伍（Christopher Isherwood）在柏林教英文，他有一段文字記錄了時代的消逝：

今天早晨的陽光如此燦爛，天氣溫和晴朗，我出門散步，沒帶外套，也沒帶帽子。太陽高掛，希特勒是一城之主；太陽高掛，我的朋友們——工人學校的學生、監獄裡見過的男人、女人，可能不在人世或已被折磨至死。在一家店鋪的鏡子裡，我瞥見自己的臉，驚駭地看到臉上的微笑。如此美麗的天氣，讓人忍不住露出笑容。電車如平時一般，在克雷斯特勞斯來回行駛。電車、步道上的人們，以及諾倫杜普列茲車站的壺形屋頂，散發著一股奇特的熟悉感，那是記憶中尋常而愉悅的舊日時光。[5]

鄧可來到美國，在賓州的斯沃斯莫爾學院心理系任教。1939 年，他發表來美後的第一篇論文，共同作者是克雷夫斯基（Isadore Krechevsky），一個少年時期為躲避蘇聯反猶太行動，自立陶宛小村莊逃難來美的移民，他差點因為歧視而放棄學術生涯。[6] 來到美國後，他是第一個受鄧可啟發的人。

這篇共同發表的論文〈論解決與成就〉（On Solution-Achievement）[7] 刊登在《心理學評論》（Psychological Review），見證了心智研究史上美國與柏林的歷史性交會。克雷夫斯基研究老鼠如何學習，鄧可研究人類如何思考，當時這樣的想法並不尋常，鄧可必須對思考一詞提出明確定義：「思考是一種解決問題的功能運作，而不是什麼特殊、虛無

縹緲的心智表徵。」

　　在論文中，兩位研究者都同意，解決問題需要經過多個「中間步驟」，克雷夫斯基特別指出鄧可的觀點與當下美國主流學說的差異：「鄧可的分析有一個不同於美國心理學界的主要概念：他的實驗證明，解決問題是一個有意義的過程，生物可以從許多來源汲取經驗，但一般性的經驗很少能用來解決問題。」

　　鄧可開始展露頭角。當時美國心理學界都在做動物實驗，高談闊論有機生物體：訓練老鼠。鄧可關心的是人的心智與其意義，他率先為往後二十年的認知革命開拓了新疆界。

　　同時間在德國，納粹逮捕了蕭茲，把他送入第一座納粹集中營，達豪集中營關了五個禮拜。

　　此時鄧可在《美國心理學期刊》（*American Journal of Psychology*）發表了第二篇論文，主題是熟悉性與感知的關連。[8]

　　他在蘇聯的兄弟沃夫岡則在史達林的大整肅行動中遭到逮捕，最後死於勞改營。

同年鄧可的第三篇論文發表在一份前瞻性十足的哲學與心理學期刊《心智》（*Mind*），以倫理心理學為題。[9] 鄧可想探討為什麼人類的道德觀會有如此大的差異，這篇論文論點微妙周延，卻又辛辣銳利。這位致力探究人類思考方式的學者，試圖解釋柏林時代的結束：

> 以「國家利益為出發點」的動機，端賴國家是否為生命最高價值的化身，或僅是某種形態的警察機構。整體道德判斷原本應依據社會討論的共識而來，否則其主要目的不是為了「正義」，而是鼓動與遂行權威下的教條與行為。這樣的做法抵觸了純粹的道德行為。

他得到了答案。國家的一紙命令可以輕易推翻倫理道德。

1940 年的 2 月底，鄧可寫了一封遺書。

> 親愛的母親，
> 您向來愛我。求您原諒。

隨後鄧可開車到臨近的富勒登，在車內用手槍自殺身亡。得年三十七歲。[10]

不久，納粹在阿姆斯特丹逮捕了蕭茲，將他送到奧斯威茲集中營處死。

此時，加州大學柏克萊分校聘請克立奇（David Krech）擔任教授，克雷奇便是改名後的克雷夫斯基，也是第一位與鄧可合著論文的美國學者。[11] 他在往後的三十年間，持續投入記憶與刺激機制的研究。

克雷奇是受到鄧可影響的一個例子，鄧可將德國當時對於心智運作最卓越、先進的想法帶到美國，開啟了人類思維研究的革命，自己卻無福得見。他像是從垂死的柏林海岸邊丟出的一只瓶中信，最後瓶子雖然破碎了，信中的訊息終能流傳於世。

2 | 行動之前，我們是怎麼思考的

鄧可在 1935 年逃離德國前發表的著作《論解決問題》，引發了大腦與心智科學的變局，這場「認知革命」為我們今日探討人類的創造行為打下基礎。當年這篇論文在希特勒統治下的德國被禁，理由洋洋灑灑，包括當中引用不少蕭茲的研究。後來戰爭爆發，柏林陷入戰火，保留下來的論文拷貝更少了。

所幸，在鄧可自殺後五年，他先前的一名學生麗茲（Lynne Lees）將論文翻譯成英文，向世人介紹他的大膽論述——「創造性思考研究」。

鄧可不願意研究偉大的思想家，認為他們虛張聲勢，總是把小火花說成閃電。鄧可使用「實際的數學問題，因為這類素材比較適合做實驗」，同時清楚表明，他的研究主題是人的思考，而不是什麼謎團或數學，想「什麼」並不重要，「解決問題的必要條件，與思考的素材是什麼無關。」

幾千年來，人類經常被區分成文明與野蠻、白與黑、男與女、非猶太與猶太、富有與貧窮、資本主義與共產主義、天才與蠢才、資優與平庸，並以族群決定能力的多寡。1940年之前，一些「科學家」進一步強化了這些分類，他們的實際作為就像在模仿動物園，將人按天生能力來組織管理，把「不同的」人關進籠子裡。而鄧可這名娶了猶太人為妻的非猶太人、移民到資本主義國家的共產黨員的兒子，經歷過人類測驗的恐怖騙局，他證明了，人的思考不會受到範圍、主題或思考者而有所不同，我們的心智運作方式都是一樣的。

當年這樣的觀點相當激進，引發不少爭議，也對心理學界造成不小衝擊。鄧可的方法很簡單，他給受試者問題，並要求他們想解答的同時，一邊把想法大聲說出來，藉此觀察

思考的架構。

思考是在採取實際行動之前，嘗試找出達成目標的方法。我們想完成一件事，但不知道該怎麼做，所以付諸行動前必須先思考。但是，我們是怎麼思考的呢？或者，按照鄧可的用語，如何「解開關鍵問題：用什麼方法找到有意義的解答？」

我們用相同的步驟思考，就像我們用相同的步驟走路，無論問題是大是小，無論答案是新是舊，也不論回答的人是諾貝爾獎得主，還是小孩，事實上沒有所謂的「創造性思考」，就像沒有「創造性走路」這回事。創造是一個結果，一個思考帶領我們抵達的終點。在我們了解如何創造之前，必須先了解如何思考。

鄧可曾經做過許多實驗，包括 ABCabc 題，要求高中生解答為什麼 123,123 與 234,234 這些連續排列的數字，可以被 13 整除；棍子題是給八個月大的嬰兒一根棍子，讓他們可以拿到前方的玩具；木片題是如何把一片木片塞入長寬都不同的門框；以及盒子題，如何使用圖釘與盒子等工具，把蠟燭固定在牆上。鄧可重複地做實驗，以了解人是怎麼思考的，什麼會有幫助，什麼會造成阻礙。

其中一個結論是：「如果情境是設定在某個感知結構下，唯有擺脫既有結構的束縛，思維才能進行結構的重組。」[12]

換句話說：舊思維會妨礙新想法。

鄧可的研究也面臨相同的處境。很少心理學家讀過或了解《論解決問題》的完整內涵，原因不僅是理論很複雜，也是因為舊思維令他們心生抗拒。今天這篇論文最有名、吸引最多注意的是盒子題，經常被稱為蠟燭題，並且做了一些設計上的修正。心理學家與專門寫創造力的作者，近五十年來不時會討論這個題目。[13] 以下是現代的修改版：

想像你的房間裡有一扇木門，房間裡有一根蠟燭、一盒火柴，以及一盒圖釘。你如何運用這幾樣東西，把蠟燭固定在門上，蠟燭必須可以點燃，正常地燃燒，並且產生足夠閱讀的光源？

一般人想出的方法有三種。第一種辦法是點燃並融化一部分蠟燭，用融化的蠟把蠟燭固定到門上；另一種方法是用圖釘來固定蠟燭，兩種都可以奏效，但都不是很理想。第三種辦法，只有很少人想到，就是把圖釘盒子清空，用圖釘把盒子固定在牆上，托住蠟燭。

最後的方法有個特點，是另外兩種沒有的：其中一項物品，也就是盒子，被賦予了新的用途。解題的人忽然間想到盒子不只能裝圖釘，也可以用來放蠟燭。

這個轉變，通常稱為「洞察力」，一般認為是創造力的重要要素。他們認為，用不同的角度看盒子很重要，是一種思考上的跳躍。就像我們看一幅畫，花瓶其實是兩張人臉；或乍看是老婦人，其實是年輕少女；或看起來像鴨子又像兔子。只要能跳脫原本的框框，問題就可以解決。

心理學家後來仿效鄧可的方法，設計出許多類似的題目，包括查理題：

丹恩有一天下班後回到家，打開門，進入客廳，看到查理倒在地上，已經死亡。地上有水，還有一些玻璃碎片，湯姆也在房間裡，丹恩看了一眼現場，馬上就知道發生了什麼事。查理是怎麼死的？ [14]

另一題是關於犯人與繩索：

有一名犯人試圖從高塔逃走，他發現牢房裡有一根繩子，長度只足夠降落塔到地面距離的一半。他把繩子分割成兩半，再綁在一起，然後順利逃走，請問他是怎麼

辦到的？ [15]

還有九點圖：

九個圓點排成三個排，一排三個，等距離排成一個正方形，如何用四條直線把九個點連結起來，過程中筆尖不能離開紙面？

這些問題的解法都一樣：別忘了圖畫中的花瓶也是人臉。查理不是人，而是一條魚；湯姆不是人，而是一隻貓。湯姆弄翻了查理的魚缸，所以查理死了。逃獄的犯人不是依照我們習慣的推測，把繩子攔腰剪成兩段，而是沿著繩長剪成兩條。要連結九個圓點，這條線必須畫出方形的範圍之外，這就是「跳脫思考框架」這句話的由來。[16]

這樣說來，思考是可以跳躍的嗎？我們用另一個題目——帶斑點的帶子——來回答這個問題：

朱莉亞在一個上鎖的房間裡睡覺，她的床旁邊有一個叫喚管家的拉鈴，拉鈴上方有個通風口，可以通往隔壁房間。那房間裡有一個保險箱、一條狗繩，還有一個牛奶盤。有天晚上，朱莉亞大聲尖叫，後來傳來一聲口哨，還有金屬碰撞的聲響。朱莉亞被發現時手上抓著一支燒

過的火柴，性命垂危。屋內沒有暴力跡象，也沒有寵物，房門仍然是鎖上的。她死前最後說的話是「帶斑點的帶子」。她是怎麼死的？

這不是一道心理題，而是柯南・道爾（Conan Doyle）在 1892 年寫的一篇福爾摩斯偵探小說。[17] 朱莉亞是被一條毒蛇咬死，這條蛇被訓練從通風口爬進來，沿著拉鈴而下，聽到凶手的口哨聲便爬回去。凶手用繩子拴著蛇，用牛奶餵養，金屬碰撞聲響則是他把蛇放回保險箱內發出的。朱莉亞被咬時，點燃了火柴，於是看到蛇，卻看成是一條「帶斑點的帶子」。

福爾摩斯是這樣辦案的：他觀察到，進入這個上鎖房間的唯一途徑，就是通風口，而從朱莉亞很快死亡，以及屋內沒有暴力跡象，推論她可能是被毒所害，某種可以穿過通風口的小型毒物。從狗繩研判應該是動物，而不是毒氣，而牛奶盤看起來可以排除蜘蛛一類的昆蟲。此外，朱莉亞死前說的帶斑點的帶子，乍聽沒有頭緒，現在聽起來十分符合最可能的解答：一條受過訓練，會回應主人口哨聲的蛇，金屬聲響顯示，蛇就在保險箱裡。

福爾摩斯是虛構的角色，擅長辦案，而非創造。他將這個過程描述為「觀察與推論，排除其他不可能的原因，最後

留下來的就是事實。」他並不是用創意思考來解答朱莉亞命案。「洞察力」是推論過程的起點──進入上鎖房間的唯一途徑是通風口，從這項觀察導出被毒蛇咬這個令人驚駭的答案。[18]

人的思維並不是飛躍的。觀察、評估，一再重覆，而不是天馬行空，就能解決問題，引領我們走向創造。我們可以用鄧可的方法驗證這一點，觀察人們如何解答他著名的考題。

3 ｜ 創造是步步為營

許多人認為思考不需用到文字[19]，但我們可以把想法說出來，而不會影響解決問題的技能。仔細聆聽你心裡的話，可以了解思考是如何進行的。韋斯博格要求受試者解答盒子題時，要把解題過程說出來。[20] 他修改了部分題目，除了圖釘外，增加了鐵釘，把木頭門片換成厚紙板，他把這些工具擺在受試者面前，只要求他們用想的，不需要做出來。

其中三個人沒有想到用圖釘盒子當作燭台，他們是這麼說的：

1 號：「用一些融化的蠟固定蠟燭，蠟燭與紙板垂直，這樣會掉。如果把蠟燭斜放，用釘子固定，蠟燭看起來會過重。在蠟燭兩側釘一、兩根釘子，看起來又撐不住。我……想不出來，做不到。」

2 號：「我想用釘子，但是無法穿透，那麼要如何固定蠟燭呢？把釘子垂直放入蠟燭，再用一支釘子水平固定，火柴用不到，把釘子放在燭芯與蠟燭下方……」

3 號：「我想可以用力把一支釘子敲進蠟燭，蠟燭可能會裂開。拿火柴點火，融化一些蠟，再拿釘子──不好。把一些釘子用力敲進牆裡，再放上蠟燭……」

另外三個人想到把圖釘盒子當燭台來用，他們是這樣想的：

4 號：「蠟燭必須直立燃燒，所以如果我拿一支釘子，把蠟燭和紙板釘在一起……（停頓 10 秒鐘）……如果我拿一些釘子，釘成一排，把蠟燭放上面。如果我把盒子裡的圖釘拿出來，把盒子釘在牆上。」

5 號：「融一些蠟，用來固定蠟燭。拿一支釘子，釘子沒辦法穿透蠟燭，如果用釘子環繞蠟燭，或是放在蠟燭

下面當作支架。把蠟燭放進圖釘盒子裡──行不通，盒子會垮掉。」

6 號：「點燃火柴，看能不能把蠟塗到紙板上，再用一根釘子穿過蠟燭，固定在紙板上。我先點燃火柴，看看這樣做行不行。我嘗試不同釘子的組合，把釘子組成長方形，當作蠟燭的架子。更好的做法是，用盒子。在紙板上釘兩根釘子，把盒子放在上面，再用一些融化的蠟，把蠟燭固定在盒子裡，這樣就可以讓蠟燭穩穩地直立。」

這就是我們思考運作的方式。想到可以使用盒子的人，思考的過程大同小異，在排除其他想法後，他們都想用釘子做一個燭台，然後才想到用盒子來做燭台。不是天馬行空，從已知到新創的路程，是一步步走到的。每一個案例的模式都一樣，從某個熟悉的基礎開始，仔細評估、解決問題，重複試驗直到找到滿意的解決方法。鄧可在 1930 年代就發現了：「破解題目的人都經過相同的歷程：從圖釘開始發想，然後尋找『可以用圖釘固定在門上的燭台。』」

評估結果會影響後續的嘗試，例如 3 號決定「把一些釘子用力敲進牆裡，再放上蠟燭」，並且評估是可行的。4 號則評估這個做法不可行，所以多做一個步驟：使用盒子。5

號也做了這一步，這也是鄧可的解法，但他卻做了相反的評估：行不通。6號每個步驟都做了，還改良了鄧可的方法，用融化的蠟把蠟燭固定得更牢。

創造是步步為營，不是一步登天。找到問題，努力解決，一再嘗試，做得越多，越有機會成功。最好的藝術家、工程師、發明家、企業家，以及其他創新發明者，都是不斷採取行動，發掘新的問題、新的解決辦法，週而復始。當人類這個物種出現，當我們看著某件事物，心想：「我可以讓它更好」，這一刻便是創新的根源。

六個大學生試圖解決一道難題，還不足以做出全面的推論，二十五人也不行（韋斯博格要求說出解題步驟的人數），三百七十六人也不行（所有參與盒子題的人數）。[21] 但這些結果確實消弭了創造力迷思的主要假設：創造需要跳躍的、不凡的思維。其實根本不用，一般性思考就可以了。

4 ｜ 啊哈！

相對於「創造源自一般性思考」的理論，有另外一派說法，由心理學家歐柏（Pamela Auble）、法蘭克思（Jeffrey Franks）、索瑞西（Salvatore Soraci），以及作家雷勒（Jonah

Lehrer）等許多人提出：許多很棒的發明來自靈光一閃，這不平凡的瞬間，稱為「尤力卡效應」或「啊哈！時刻」。神志清醒的時候，靈感就像蟄伏的毛毛蟲，在輾轉反側中逐漸成蛹，然後某一剎那羽化成蝶，這種頓悟讓人興奮狂喜，創造的竅訣，就是盡量醞釀催生這樣的時刻。

相信這套理論的人有很多理由反對「創造源自一般性思考」的說法。自古以來有不少典故敘述偉大的發明家所經歷的「啊哈！時刻」，很多人解題遭遇挫折時，會把問題先擱到一邊，等著答案自動浮現。努力尋找靈感來自何方的神經學家發現了這個「啊哈！時刻」，歐普拉還註冊登記了這個名詞。[22] 一般性思考如何能解釋？

最膾炙人口的「啊哈！時刻」故事，是古羅馬的建築師維特魯威（Vitruvius）宣揚的。

維特魯威說，兩千三百多年前，希臘將軍席耶洛在西西里島加冕為西瑞克斯國王，為了慶祝，他給一名工匠一些黃金，要他打造一個黃金皇冠。[23] 這名工匠交出了一個與原始黃金等重的花環，但席耶洛懷疑工匠欺騙他，皇冠其實摻了銀。席耶洛命令西瑞克斯的最聰明的人——二十二歲的阿基米德找出真相。[24] 根據維特魯威的說法，阿基米德在洗澡時，觀察到他在水裡浸得越深，溢出的水越多，他瞬間有了領悟，

高興到光著身體就跑出門，一邊大喊：「尤力卡，尤力卡！」（我發現了，我發現了！）他用金和銀做了兩件與皇冠一樣重的東西，把它們個別放入水中，測量溢出的水量，發現銀製品比金製品溢出更多水。然後阿基米德再把皇冠放入水裡，結果溢出的水比純金的物體多，證明工匠的皇冠摻了銀或其他物質，並不是純金的。

阿基米德的故事是兩百年後維特魯威講述的版本，幾乎可以確定不是真的。阿基米德肯定知道，維特魯威說的方法根本不管用。加俐略曾經在論文〈小平衡〉（The Little Balance）中指出，維特魯威敘述的金與銀比較方法「通通錯了」。[25] 把金、銀和皇冠放水中，溢出的水差異有限，很難測得出來。表面張力，以及留在皇冠上的水也可能形成干擾。加俐略的論文也推測阿基米德可能採用的方法：測量皇冠在水裡的重量。浮力，而不是溢出的水量，才是這個問題的解答。[26] 洗澡時溢出水不可能有這樣的啟發。

不過，我們姑且相信維特魯威的故事好了。他說阿基米德「思考著問題，剛好要洗澡，他踏進浴缸，觀察到他的身體浸得越深，溢出的水越多，他靈機一動，驟然解開心中謎團。他帶著狂喜，立即從浴缸裡跳起來，沒穿衣服就跑回家。他一邊跑，一邊用希臘文大喊：尤力卡，尤力卡！」[27]

或者，另一種解釋是，阿基米德的尤力卡時刻，是來自「他苦思問題時」觀察到的現象。浴缸就像韋斯博格實驗裡的釘子燭台，有一才有二的連鎖效應。萬一實情如此，阿基米德傳說中大喊的尤力卡，其實不是什麼「阿哈！時刻」，而是一般在苦思之後，終於解開難題的單純喜悅罷了！

　　另一個「阿哈！時刻」的著名案例是英國詩人柯立芝（Samuel Taylor Coleridge），他曾說過，他的〈忽必烈汗〉這首詩是在睡夢中寫成的。柯立芝在序裡這麼說：

> 1979 年夏天，作者當時健康欠佳，已經退休居住在一處偏遠的農舍。醫生開了止痛藥，藥物副作用讓他在閱讀時，不禁在椅子上睡著了。「此時忽必烈汗現身，下令修建宮殿及御花園，方圓十里內的沃壤築起了高牆。」作者沉睡了約莫三小時，夢中他一氣呵成，創作了超過兩、三百行的詩句。醒來之後，柯立芝急切地把這些詩句記下來，不巧這個時候，某個從波拉克來的人剛好找他出去談一件事，等他回到房間，來不及寫下的部分，已經不復記憶。[28]

　　這段敘述讓這首附標為「夢中幻境」的詩，環繞著一股神祕與浪漫的氛圍，直至今天。但是，柯立芝誤導了世人，醫生開給他的止痛藥，其實是用酒精溶解的鴉片——柯立芝

有鴉片癮。服用鴉片造成三到四小時的迷幻狀態，可以讓人暈陶陶，產生幻覺。柯立芝在 1797 年夏天的動向是眾所週知，他沒有時間待在偏遠的農舍。從波拉克來的人可能是虛構的，是他沒把詩寫完的藉口。柯立芝曾經用相同的伎倆，以一封偽造的朋友書信，來為另一部未完成的作品《文學傳記》（*Biographia Literaria*）開脫。[29]

這篇序聲稱詩是在睡夢中創作的，然而，根據 1934 年找到的一份草稿，與出版的詩作對照，有幾處做過改動，其中，「深谷裡，狂亂的騷動沸騰而出」改成「從深谷裡呼嘯而出，無法靜止的沸騰騷動」，「十二里內的沃壤／城牆，被高塔包圍著」改成「十里內的沃壤／城牆，高塔四面環繞」，還有 Amora 山改成 Amara 山。此外，創作背景也改了，柯立芝說這首詩是他在鴉片帶來的飄飄然快感中創作的，而且當時是秋天，並不是一場仲夏夜之夢。[30]

這些都是小事，但顯示這首詩是出自有意識的思考，而不是無意識狀態下的自發性產物。〈忽必烈汗〉的靈感有可能是來自夢中，但最後是靠一般性思考完成的。

第三個大家津津樂道的「啊哈！時刻」典故發生在 1865 年，化學家凱庫樂（August Kekulé）發現苯的環狀結構。在這個發現提出後的二十五年，凱庫樂在德國化學學會的一場

演講中提到：

當時我正在寫一本教科書，但是幾乎沒有進度，我的心思四處游移，於是我把椅子轉向暖爐打個盹兒。忽然間，一堆原子在我眼前跳躍，這次比較小的一群原子隱身在背景裡。我的心靈之眼因為經歷過幾次類似的光景，變得十分敏銳，已經可以分辨各式各樣的組合中較大的結構：一堆長鏈緊緊黏靠在一起，有如蛇一樣扭動交纏。可是，看！那是什麼？其中一條蛇咬住自己的尾巴，這個環形我的眼前不停旋轉著，我像是被一道閃電驚醒，然後徹夜研究驗證這個假設。[31]

韋斯博格曾指出，凱庫勒使用的字眼「半睡半醒」（half-sleep），通常翻譯成「白日夢」，凱庫勒不是在睡覺，而是在沉思。他的夢常被描述成看到蛇咬自己的尾巴，但凱庫勒實際的說法是，他看到原子像蛇一樣扭動。當他稍後說其中一條蛇咬住自己的尾巴，不過是在回應先前的比喻，並不是真的看到蛇。這是視覺想像力幫助解決問題的案例，不是發生在夢境裡的「啊哈！時刻」。[32]

這類的頓悟也曾經發生在愛因斯坦身上。當年他正在發展構思相對論，但被卡住了一年，因此向一位朋友求助。他說：「我去拜訪他那天，天氣很好。我跟他的談話如下：『最

近我一直在研究一個難題，我今天想來與你一起奮戰。』我們討論了這個題目的各個面向，突然間，我看到問題的關鍵所在。第二天我又來找他，我連招呼都沒打就說：謝謝你，我已經完全解開這個題目了。」[33]

這是瞬間的靈感嗎？並不是。愛因斯坦這麼說：「我是一步步解出來的。」[34] 所有關於「啊哈！時刻」的故事不脫以下幾種：道聽途說，時有改編或偽造，禁不起檢驗。

針對這些故事的檢驗不少，20 世紀後期的幾十年間，許多心理學家相信創造需要一段時間的潛意識思考，稱為「醞釀」，接著會產生某種稱為「知曉感」的感覺，然後「啊哈！時刻」，或者「洞察力」才會翩然降臨。這些心理學家進行了數百個實驗，想驗證他們的學說。[35]

例如，1982 年兩名科羅拉多大學的研究員，在十九天內針對三十名受試者測試他們的「知曉感」。他們讓受試者看一些演藝人員的照片，然後要他們回想這些人的名字。[36] 只有 4% 的記憶自動復原，而且幾乎集中在四個人；其他的記憶是靠一般性思考慢慢恢復的，藉由逐步回想來回答題目。例如，這是 1950 年代的電影明星，曾經演出希區考克的電影《北西北》（North by Northwest），在裡頭被一架農用飛機追趕，最後才得出他的名字卡萊·葛倫（Cary Grant）。

至於研究的結論呢？即使是自發性記憶也可能是一般性思考的作用，此外也沒有證據證明潛意識心理過程，是記憶恢復的途徑之一。其他關於知曉感的研究也有相近的結果。[37]

那麼醞釀期的研究呢？一位加州大學柏克萊分校的學者奧頓（Robert Olton）花了許多年，試圖證明醞釀期的存在。其中一個實驗，把一百六十個人分成十組，要求他們解決一道與洞察力有關的農場題：把一塊 L 型的農地分割成大小形狀都一致的四份。[38] 答案很有新意：你必須切成四個不同方向的 L 型。每一位受試者都是各別測試，解題時間三十分鐘。為了了解讓大腦暫時休息，意即醞釀，會不會有所不同，有些受試者有十五分鐘的休息時間，他們可以做任何事；其他人則給一些腦力功課，如倒著數數，或大聲談論問題，或讓他們到一個有舒服椅子、幽暗燈光與柔和音樂的房間放鬆一下。每一項活動都是針對不同假設的測試。

但是，每一組得出的結果都一樣。持續接受測試的人，與有時間休息醞釀的人，表現沒有兩樣。有醞釀時間的人，不論他們在這段時間做什麼事，表現也沒差別。奧頓把資料翻來覆去組合，想要找出醞釀期有效的證明，最後不得不這樣總結：「研究主要的發現是，在任何情況下，沒有證據證明醞釀期的存在，即使是最有利醞釀期出現的情境。」同時他也沒有辦法重複做出與其他報告相同的正面結果。「就我

們目前所知，關於解決問題的醞釀期，尚未有獨立研究者能重複實驗而獲得驗證。」

奧頓認為，醞釀期缺乏科學證據的原因之一，可能是實驗設計錯誤。不過他補充說：「第二種比較激進的做法是，接受我們的實驗結果，並且合理懷疑，所謂醞釀期的說法是否為客觀存在的現象。也就是說，醞釀期可能是一種幻想。我們選擇性記住極少數有重大成效的片刻，忽視大多數無效的時刻。」

為了自己的信譽，奧頓沒有放棄，他設計了另一個研究，這回採用了學有專精，擅長解題的專家西洋棋士解一盤棋局，希望獲得比大學生解洞察力問題更好的結果。[39] 一半的棋士不間斷地下棋，另一半則有休息時間，休息時不要去想題目。結果還是一樣，有沒有休息，結果並無差異，兩組表現都一樣。奧頓原本是醞釀期的信徒，卻被迫質疑它的存在。這篇研究的附標題明顯流露出奧頓的絕望心情：「虛幻的追尋」。文章的結論指出，「我們沒有找到醞釀期的證明。」

如今大多數研究人員將醞釀期視為「民俗心理學」（folk psychology）──一個廣泛流傳、卻錯誤的信仰。[40] 幾乎所有證據都指向同一件事：毛毛蟲並沒有在潛意識裡結蛹，創

意之蝶其實是從顯意識的思考中飛出來。

5 ｜賈伯斯的祕密

根據鄧可寫的書，創造行為通常從兩個問題出發：「為什麼不行？」或者，「我可以怎麼做？」[41]

這些問題聽起來簡單平凡，但問題的答案往往帶來不平凡的結果。一個最好的例子是賈伯斯（Steve Jobs），蘋果電腦的創辦人與執行長。當賈伯斯在 2007 年發表蘋果的第一支 iPhone 手機時，他這麼說：

> 當今最先進的手機叫做智慧型手機，當然是聰明許多，但實際上卻比較難用。這些手機都有些可有可無的按鍵。這個問題該怎麼解決？電腦也有相同問題，我們採用可以呈現所有資訊的螢幕，在二十年前就解決了。現在我們想做的就是，把按鍵全部拿掉，只用一個大螢幕。我們不用把滑鼠帶著走，我們要用觸控筆？才不！還得拿上拿下，最後會弄丟。我們只要用手指就行了。[42]

賈伯斯的話，聽起來與鄧可的受試者把蠟燭固定在門上

的自言自語不謀而合，一步、再一步的解題過程並無二致。問題：智慧型手機因為有鍵盤，所以不好用；解答：大螢幕與觸控設備。問題：那一種觸控設備？解答：滑鼠。問題：我們不想隨身帶滑鼠；解答：用觸控筆。問題：觸控筆容易弄丟；解答：那就用我們自己的手指。

蘋果在 2007 年賣出四百萬支 iPhone，2008 年賣出一千四百萬支，2009 年賣出兩千四百萬支，2010 年四千萬支，2011 年八千兩百萬支，iPhone 問世的頭五年，儘管價格比競爭對手高，一共賣出了一億六千九百萬支。[43] 如何？

從 2002 年開始，我曾有幾年擔任一家手機製造公司的研究諮詢委員，每一年都會收到一支最新款手機。我發現一支比一支難用，其他委員也都有同感。蘋果電腦有意進入手機市場並不是祕密，卻不被當一回事，因為蘋果從來沒做過手機。當 iPhone 問世後幾個月，委員會開會，我問這家公司怎麼看蘋果手機，首席工程師回答：「它的麥克風很糟糕。」[44]

這個批評沒有錯，卻與主題無關，也透露了一些有趣的訊息。這家公司認為智慧型手機不過是行動電話，只是比較聰明。他們製造過第一代手機，當然是有按鍵的那種，而且一直都很成功。所以，當他們想要讓手機更聰明，就是增加

更多的按鍵。他們認為好的手機就是好打電話，所謂聰明云云，只是附加的贈品罷了。

蘋果是電腦廠商，對蘋果而言，賈伯斯的宣言清楚表達，智慧型手機不是手機，而是一部可以放在口袋裡的電腦，而且還可以打電話。製造電腦對於蘋果而言，是二十年前就已經解決的問題，從來沒做過手機並不要緊。手機廠商從來沒做過電腦，這個問題比較大。我服務的公司，曾是業界領導廠商，在 2007 年損失慘重，眼睜睜看著市占率崩跌，最後公司也賣掉了。

「為什麼不行？」我們很容易誤以為這麼問很簡單。然而，第一個挑戰就是提出問題。那位首席工程師沒有對他的手機提出問題，他看到節節上升的銷售數字、滿意的消費者，就以為天下太平，沒什麼需要傷腦筋的。

然而，銷售量＋消費者＝天下太平，正是企業毒藥的配方。大部分把自己搞垮的大公司都服用了這帖劇毒，自滿是最大的敵人。「如果沒壞，就不用修。」[45] 是一句積非成是的俗諺。不管銷售量或消費者滿意度如何，總有地方需要改善。問一句：「為什麼不行？」是創造的開端。

「為什麼不行？」有如北極星的牽引，決定創造的方

向。對賈伯斯與 iPhone 來說,關鍵不在於找到解答,而是看到問題:按鍵使智慧型手機很難用,其他的事再說。

蘋果並不獨特。韓國電器巨人 LG 在 iPhone 問世之前,曾經發表過一款很類似 iPhone 的產品。LG 熊貓機擁有大觸控螢幕,得到許多設計獎項,並賣出上百萬部。[46] 當蘋果手機的方向──大螢幕──曝光後,競爭對手在幾個月內競相推出類似的山寨產品,這些廠商可以製造 iPhone,卻沒辦法創造。因為,他們沒能看著自己現有的產品問:「為什麼不行?」

史蒂夫的祕訣在 1983 年便公開了,那是個人電腦崛起之際,當時他在里斯本一場設計會議演講。[47] 沒有舞台,沒有道具,賈伯斯站在講台後面,頂著紀念冊上的笨拙髮型,一件薄薄的白襯衫,袖子捲得老高,打著粉綠相間的領結──「他們付我六十美元,所以我打了領帶。」聽眾不多,賈伯斯談論著「想像可以連接收音機的攜帶型電腦」、「電子信箱」和「電子地圖」,一面用手勢大幅比劃。當時賈伯斯是蘋果電腦的創辦人兼總監,一家成立六年的新創公司,以大衛對抗巨人之姿挑戰 IBM。蘋果的武器是銷售量,它在 1981 與 1982 年賣出的個人電腦比任何一家公司都多。雖然樂觀,但賈伯斯並不滿意:

請你仔細看，電腦看起來就像一件垃圾。所有偉大的產品設計師都去設計汽車或建築，幾乎沒有人在設計電腦。不論電腦看起來很爛還是很棒，我們在 1986 年即將售出一千萬部。這些電腦將成為每一個人辦公室、教室、家庭裡的新擺設，我們有責任做出好東西來。如果我們不做，那些地方就會多一件垃圾。等到 1986 或 1987 年，人們花在與這些機器互動的時間，將超過在車上的時間。工業設計、軟體設計，以及人如何與機器互動，都將受到重視，如同今天的汽車一樣，甚至更多。[48]

二十八年過去了，《華爾街日報》的科技專欄作家摩斯伯格（Walt Mossberg）敘述他與生命末期的賈伯斯有一段類似的討論：「前一分鐘他還在談數位革命的大勢所趨，下一分鐘就開始講蘋果最近的產品有多糟，某個顏色、角度、線條或小圖不對勁。」[49]

好的銷售員可以把東西賣給任何人，而偉大的銷售員可以賣給所有人，除了他自己。賈伯斯的思考不同於其他人的關鍵，不在於天賦、熱情或眼光，而是他拒絕相信銷售量與消費者就是全部的解答。他將蘋果總部前的環形道路命名為「無限循環」，以彰顯這個信念。賈伯斯的祕訣在於，他永遠不滿意，他一生都在問：「為什麼不行？」以及「我可以

怎麼做？」

6 ｜創意不等於創造

　　等等，除了問「為什麼不行？」以外，當然還有其他開始的途徑，如果你已經有一個好點子。

　　點子是創造力迷思的標籤，甚至還有一個代表性的標誌——燈泡。這個標誌產生的由來是 1919 年，電影仍是默片的時代，米老鼠誕生的前十年，當時世界最受歡迎的卡通動物角色是菲力貓。菲力是一隻黑白相間、有點邪惡的貓，牠的頭頂會出現符號與數字，有時候還可以抓下來當道具，如問號變成梯子，音符變成交通工具，驚嘆號變成棒球棒，數字 3 變成一把牛角。其中有一個符號流傳得比菲力貓更長久：每當菲力貓有了新點子，頭頂上就會出現一個燈泡。[50] 從此以後，燈泡就成了點子的象徵。心理學家採用了這個影像符號，1926 年之後，想到一個點子，開始被稱為 illumination（照明）。[51]

　　創造力迷思混淆了創意的產生與實際創造的工作，有些書使用「讓點子浮現」、「如何獲得點子」、「創意獵人」、「發掘點子」，強調點子的產生和相關技巧。最有

名的方法叫做「腦力激盪」，1939 年一名廣告公司總監奧斯朋（Alex Osborn）發明了這個名詞，1942 年在他寫的書《如何激發創意》（*How to Think Up*）裡首度提出。[52]心智工坊（MindTools）的創辦人兼執行長曼特羅（James Manktelow）鼓吹腦力激盪可以為商業問題發展創意解決方案，他的描述如下：

> 商業界經常運用腦力激盪手法，鼓勵團隊提出創意，會議採用自由發言形式，帶領的人提出需要解決的問題，參加的人提出解決的構想，在眾人的建議中形塑想法。一個重要的規則是，不能批評別人的構想，就算再可笑或荒唐也不行。這樣才可以讓大家無拘無束，運用創意思考，突破既有的思考框架。腦力激盪除了可以為問題找出絕佳方案，也充滿了樂趣。[53]

奧斯朋宣稱這個技巧非常成功，他舉了一個腦力激盪很有效的例子，美國財政部的職員在四十分鐘內，透過腦力激盪提出了一百零三個銷售儲蓄券的方案。大企業和公家單位紛紛採用，包括杜邦、IBM，以及美國政府機構。到 20 世紀末期，腦力激盪已經成為許多組織內部激發創意的反射性手法，同時成為正式工商業用語，既是名詞，也是動詞。現在這個詞普及的程度，幾乎沒什麼人會去質疑。每個人都來腦力激盪，所以，腦力激盪很好。

至於成效呢？

　　腦力激盪有效的說法，建築在簡單的推論上，其一是，三個臭皮匠勝過一個諸葛亮。明尼蘇達州的研究人員針對 3M 公司的研發人員與廣告主管進行測試，一半受試者四人一組；另外一半獨立作業，得出的結果再隨機以四人一組相加，如果有重複的創意，只能計算一次。針對每一個問題，個人組產生的創意比團體組多出 30 ～ 40%，品質也比較高，由獨立評審評估，發現個人組的創意勝過團體組。[54]

　　後續還有一些研究，測試更大的團體是不是能有更好的表現。[55] 一項研究將一百六十八個人分成五人、六人和七人一組，以及個人組。結果顯示，個人組比團體組成效更好，而且人數越少，表現越佳。結論是：「經過不同大小團體的試驗，團體腦力激盪對於創造性思考不但沒有幫助，甚至造成限制。」團體的產出質量比較少的原因是，人多反而容易糾結在一個想法上，而且雖然鼓勵全員參與，有些人在團體裡就是無法暢所欲言。

　　另一個關於腦力激盪的假設是，不要對一個想法驟下斷語。印第安納的研究團隊做過一個實驗，請一群學生為三個不同產品命名，一半學生被要求討論過程不能批評，另一半則可以自由批評，接著由獨立評審評估每一組的創意表現。

⁵⁶ 結果不能批評的小組提出的想法較多，但兩組的品質平分秋色。禁止當下評論，只是讓爛點子變多而已，後續有更多研究驗證這點。⁵⁷

腦力激盪研究的結論很清楚，最有利於創造的方式是獨自工作，以及隨時評估解決方案；最糟的方式是一大群人一起工作，而且禁止當下評論。和賈伯斯一起創辦並研發出第一部蘋果電腦的沃茲尼克（Steve Wozniak），曾經給過類似忠告：「獨自工作吧！想要設計出革命性的產品或性能，獨自工作是最好的方式，不用委員會，也不要團隊作業。」⁵⁸

腦力激盪會失敗，主要原因是拒絕一般性思考，只想一步登天，不想按部就班，以及認定創意等同於創造。其中一個原因是，多數人都覺得有創意很重要。小說家史蒂芬・金（Stephen King）就說，他在簽書會被問最多、也最難回答的問題是：「你的創意是從哪裡來的？」⁵⁹

創意就像種子，數量很多，但大部分開不了花，結不成果。此外，原創的想法非常稀少。要求幾個獨立團體在同一時間，針對同一主題做腦力激盪，得到的解決方案大概都差不多。原因並非腦力激盪有其極限，而是創造的真相就是如此。每件事都是一步一腳印，大多數的發明都是同時在不同地方，有不同的人在彼此互不知情下，走過相同的歷程而

來。例如，1611 年同時有四個人發現了太陽黑子；1802 年到 1807 年間，共有五個人發明蒸汽船；1833 年到 1850 年間，有六個人提出鐵路電氣化的構想；1957 年有兩個人發明了矽晶圓片。政治學家奧格本（William Ogburn）與湯瑪仕（Dorothy Thomas）曾經研究這個現象，結果發現有一百四十八個重大的創新想法，是許多人在同時間提出，而且如果進一步研究的話，這份清單會更長。[60]

有創意，並不等於有創造力。創造是執行，不只是有靈感就行。許多人有想法；但很少人付諸行動。一個最好的例子是飛機。萊特兄弟不是第一個想要造飛機的人，也不是第一個開始動手做，但他們是第一個飛上天的人。

讓我們回到 1899 年 8 月 9 日的星期日，萊特兄弟的故事要從這裡說起。那天德國里諾丘碧空如洗，月亮遮蓋了半個太陽[61]，山峰之間升起一抹白影，有著蝙蝠般的軸輻翅膀與新月形尾翼，下方懸掛著一名留著鬍子的男人：一心想打造出動力飛行器的李林塔爾（Otto Lilienthal），駕駛著一架新型滑翔機。他試圖藉由改變身體重心來操控方向，不料猛然刮起的一陣狂風把滑翔機吹翻，李林塔爾來不及調整重心，連人帶機從五十英尺高空摔下，脊椎斷裂，第二天即離開人世。他的臨終遺言是：「犧牲總是必要的。」[62]

萊特兄弟在他們俄亥俄州的自行車公司讀到了這則新聞，李林塔爾的犧牲在他們看來沒什麼意義，人本來就不應該駕駛自己無法操控的機具，尤其還在天上。

　　騎自行車在 1980 年代是新的時尚，當時是個奇蹟般的產品，不容易製造，也不容易騎乘。我們騎自行車時，必須不斷調整姿勢來維持平衡，轉彎時要控制方向，並且略為傾斜，過彎後要立刻恢復原來的平衡。自行車的問題不在於行進，而是平衡。李林塔爾的意外身亡，讓萊特兄弟想到，飛行器的原理也是如此。他們的書《航空器的早期歷史》（*The Early History of the Airplane*）這麼寫著：

　　　飛行器的平衡，乍看之下似乎非常簡單，但幾乎每一個實驗者都發現，平衡是最難駕馭之處。有些實驗者將飛行器的重心放在機翼下方，重心最低，但是相對的，如同鐘擺原理，也最容易搖晃失去平衡。一個比較令人滿意的系統是，將機翼排成大 V 形，但實務上會有兩個嚴重的缺陷，第一，容易造成飛行器搖晃；第二，只有在氣流穩定時適用。雖然道理眾所皆知，但目前製造出來的飛行器幾乎都是採用這個設計。我們的結論是，當前已發明的飛行器就科學觀點看來有其意義，卻沒有實用價值。[63]

哥哥威爾伯在書中補充：「只有這個問題獲得解決，飛行器的時代才會來到，相較之下，其他困難都是次要的。」

這項觀察讓萊特兄弟邁向世界首度的飛行航程，他們把飛機視為「有翅膀的自行車」，飛行器的問題並不是飛行，與自行車一樣，是平衡。[64] 李林塔爾會意外身亡，是因為他第一次成功，第二次卻失敗了。

萊特兄弟研究鳥類飛行，解開了這個難題。鳥兒藉由風的浮力滑翔，改變方向時，會把一隻翅膀的翼尖抬高，另一隻放低，略為傾斜，風轉動翅膀，如同轉動風車葉片，隨後鳥兒再度重拾平衡。威爾伯指出：

要談論鳥兒在空中安全飛行的所有須知事項，可以寫上許多專文。如果拿一張紙，與地面平行，然後放手讓它飄落，它不會乖巧且平穩地落在地面，而是違反所有的已知規則，飄忽不定，四處翻飛，有如一匹脫韁野馬。在飛行成為日常運動前，我們就像在駕馭野馬一般。鳥兒很早就學會平衡的藝術，技巧純熟到我們難以窺其奧祕，只能讚嘆卻模仿不來。

也就是說，我們要思考的，是如何讓馬飛起來。

此時，萊特兄弟腦子裡展開第一個步驟。問題：如何平衡一架桀驁不馴的飛機？解答：模仿飛翔的鳥。

第二個問題是，如何複製鳥兒的平衡機制。他們想出來的第一個方法，必須使用金屬桿與機械。如此會產生第二個問題：機身過重，飛不起來。威爾伯在他們的自行車店裡找到了解決辦法。當時他正在把玩一個細長的紙盒，中間有一個捲筒，形狀與大小類似保鮮膜或鋁箔紙軸，當他前後旋轉紙盒時，發現一端下沉，另一端便以相同角度翹起，類似鳥兒滑翔時翅膀翼尖的動作，而且加上繩索的輔助可以更省力。萊特兄弟飛機著名的雙翼設計便由此得來，他們將機翼上下擺動的設計稱為「翹曲機翼」（wing warping）。

萊特兄弟小時候就很喜歡製作風箏，「一個我們投入大量精力的活動，可以稱得上專家。」[65] 雖然曾經很入迷，萊特兄弟在青少年時期就不再做風箏，因為同齡的男孩不時興這項活動。不料過了二十年，威爾伯再次放起風箏，他用最快的速度騎自行車穿過小鎮，把手上綁著一個五英尺寬的風箏。他在風箏上做了翹曲的翼，用來驗證他的想法，並急著展示給弟弟奧威爾看。萊特兄弟完成了第二步驟。

解題持續中。萊特兄弟最大的創舉並不是什麼偉大的創意，雖然最後成就不凡，實際上卻是許多步驟的累積。

例如，在發現既有的航空動力資料毫無價值之前，他們花費了足足兩年，研究如何讓威爾伯的風箏可以搭載導航器具。

他們寫道，「我們長期以來相信既有的科學資料，卻被迫一件件開始質疑，最後，實驗了兩年，我們決定全部擱置一旁，只仰賴我們自己的調查結果。」[66]

萊特兄弟剛開始只是把飛行當興趣，對相關科學沒有多少興趣。但是他們既聰明又富好奇心，當發覺已知的資料有誤，「不過比猜測好一點」，他們同時也找到設計機翼所需的知識。1901 年，他們將自行車改裝成測試台，用來發動飛機，以及有傳動帶的風洞，以測試蒐集自己的數據。結果得出許多讓他們大為驚訝的結果，這些結果是「如此異常，我們差點懷疑自己的測量方式。」

然而，他們最終得出的結論是，其他人的測量結果才是錯誤的。其中最大的錯誤是氣壓中心側轉，一個由 18 世紀工程師史密頓（John Smeaton）提出關於機翼大小與升力相關性的數據。史密頓的數字是 0.005，萊特兄弟算出來是 0.0033。如果飛機要能飛，機翼必須比一般人設想的要大得多。[67]

萊特兄弟用相同的數據來設計螺旋槳，過去螺旋槳只用在船舶，從來沒用於飛行器。正如萊特兄弟把飛機想成會飛的自行車，他們也把螺旋槳想成拍動的翅膀。他們從風洞實驗累積的經驗，設計出近乎完美的螺旋槳。現今的螺旋槳不過稍微好一點點。

　　萊特兄弟的飛機是按部就班的最佳例證。他們在 1900 年做的滑翔翼看起來像 1899 年的風箏，1901 年的滑翔翼看起來只比 1900 版多了一些新元素，1902 年的機型只是大一點，多了一個舵，1903 年的飛行者一號（Flyer，從吉特赫克小鎮沙丘起飛的飛機）是 1902 年模型加大，並加上了螺旋槳與引擎。[68] 他們兄弟兩人可不是一步登天，而是一步步爬上去的。

　　思考可以用來製造飛機與電話，那麼對於雙眼與靈魂之間流動的藝術呢？鄧可的思考步驟適合工程計算，但是否也可用來描述藝術的雄偉？要回答這個問題，讓我們回到戰爭爆發前的柏林。

　　1913 年 11 月 1 日，克魯森（Franz Kluxen）[69] 到柏林狂飆畫廊（Galerie Der Sturm）買畫，克魯森是當時德國知名的現代藝術收藏家，擁有夏卡爾（Marc Chagall）、麥克（August Macke）、馬爾克（Franz Marc），以及畢卡索

的畫作。這天，另一幅畫吸引了他的目光——一位具爭議的抽象畫畫家康丁斯基（Wassily Kandinsky）的作品。克魯森買下康丁斯基的《滾白邊的畫》（*Painting with White Border*），一幅由彎曲色塊與藍、褐、紅、綠等鮮豔線條構成的抽象畫。

在克魯森到柏林與這幅畫作相遇的幾個月前，康丁斯基在慕尼黑，手上拿著幾塊炭筆，站在一塊空白帆布前，帆布上塗滿了五層由鋅、石灰與鉛製成的白色塗料。康丁斯堅持不使用化學石膏顏料，只用比較昂貴、上萬年前石化的天然石膏。[70]

康丁斯基用炭筆作畫，接著他把多達十種顏色的油彩加以混合，例如，他的紫色便包括白、朱紅、綠、兩種黃、三種藍，然後一層層，由淺到深，不曾停頓地刷上畫布。這幅畫有三十平方英尺大[71]，但康丁斯基很快就畫完了。他的速度與篤定創造出一種即興感，感覺就像他當天早上睡醒後，衝去把快要消失的夢中畫作拓印下來一般。

繪畫是以視覺呈現的藝術，這種說法並不正確。在看似一氣呵成的創作之前，康丁斯基花了幾個月仔細盤算每一筆畫，另外還有幾年鑽研畫法與理論。康丁斯基是住在德國的俄羅斯移民，他在 1912 年秋天巴爾幹戰爭爆發之前，來到

出生地莫斯科。俄羅斯南方的巴爾幹同盟——塞爾維亞、希臘、保加利亞與蒙特內戈羅攻打土耳其，當時稱為奧圖曼帝國。那是一場短暫、慘烈的戰爭，開始於康丁斯基的旅程，結束於 1913 年 5 月《滾白邊的畫》完成之際。當時他帶著一個問題返回德國：如何描繪出此刻的情感，「我對莫斯科的強烈印象，或者更正確的描述是——莫斯科。」[72]

　　他先畫了一幅油畫的草稿，命名為《莫斯科》（*Mascau*），後來改名為《滾白邊的畫第 1 號》，畫面由樹叢狀的天鵝絨綠、金屬紅與暗色線條構築而成，三股黑色的彎曲線條延伸到畫布的左上角，構圖猶如三頭馬車[73]，是康丁斯基畫作的一個常見主題，同時也是許多俄羅斯藝文人士，包括作家果戈里（Nikolai Gogol）常用來作為神聖國家的象徵。

　　他的第 2 號基本上與 1 號差別不大，除了線條暈染開，讓筆觸比較不明顯，他形容是「模糊化色彩與形式」。更多草圖陸續出爐，康丁斯基在紙上、卡片上、帆布上持續不斷琢磨他的作品，用鉛筆打底，用字母或文字註記，衡量哪些地方用哪些顏色，有些用水彩，有些用膠彩——介於水彩與油畫之間的一種顏料——以及墨汁，也用蠟筆。一共畫了二十張草圖，每一幅之間只有一、兩個地方有差異。這個過程花了五個月。第二十一幅是最後的成品，與第一幅其實十

分類似。《滾白邊的畫》系列就像幾年後再度重逢的老朋友，第 1 號是過去的模樣，期間點滴的改變隱藏在每一幅草圖中，訴說著一幅藝術創作的真實故事。

第 1 號作品的綠色背景由七種顏色混合而成：綠、棕、赭、黑、黃與白色。康丁斯基在畫中央先塗上五種顏色調和成的黃色，分別是金屬黃、土黃、赭紅、透明黃，還有粉筆白。他在黃色乾了之後，再塗上一層綠色。這些步驟的目的並不是為了藝術創作，第 1 號作品的帆布原來是回收品，康丁斯基必須把原先的畫蓋掉。他遮蓋得幾乎天衣無縫，一直到近百年過後，紅外線顯影技術問世，收藏滾白邊畫作的紐約古根漢博物館，以及藏有第 1 號作品的華盛頓特區飛利浦博物館團隊才發現，畫作底下原來還另有一幅畫。

當畫布準備好，康丁斯基開始畫第 1 號作品，他一層層疊上顏料，由深到淺，一遍遍重新布局，一次次重畫。仔細觀察畫作的運筆，可以看出部分過程，如果放在 X 光下更是一覽無遺，一層層的筆觸清晰可見。第 1 號作品的 X 光透視顯示，康丁斯基反覆畫同樣的主題，幾乎畫布每一個角落都一再重畫，直到他解答出最早的問題：如何捕捉「我對莫斯科的強烈印象。」

當第 1 號作品完成時，康丁斯基逐項檢視殘留的問題，

輪流使用人物與風景，將色彩柔和化，把背景從深綠改成亮白。其中有一幅草圖，康丁斯基為了將三頭馬車改得比較像大提琴弦，一共畫了二十次不同的變化。接下來是日後成為主題的白邊：

> 我畫白邊的進度相當緩慢，草稿沒什麼幫助，我腦中的影像很清晰，卻畫不出來，實在很痛苦。過了幾個星期，我再拿出草稿，但仍然感覺時候還沒到。這些年來，我已經學會這種時候必須有耐心，不讓自己把畫撕碎。

> 因此，捱了將近五個月，有一天，我坐在暮光裡看著草圖，忽然明白缺少了什麼——白邊。白邊就是這幅畫的解答，於是這個系列便以白邊為名。

想出了最後一個問題，康丁斯基才訂購帆布，當他舉起炭筆時，已經胸有成竹。在 X 光透視下，第 1 號作品可以看出反覆重畫的痕跡，而《滾白邊的畫》已接近最後的成品。他作畫時的毫不遲疑，是經過五個月，以及二十個步驟的醞釀與修改，終於準備好了。

這二十個步驟不過是故事的一部分，康丁斯基的繪畫生涯並不是從白邊第 1 號開始，以最後成品告終。他在 1904 年的第一幅作品，是一幅色彩豐富的寫實風景畫[74]，而 1944

年的最後作品，則是無主題的幾何抽象圖[75]，頭尾看起來毫不相干，卻是康丁斯基在這些歲月裡逐步鋪陳得來。《滾白邊的畫》是他邁向抽象畫派的一小步，也是畫風由陰暗轉向明亮的轉折點。即便畢生投入藝術創作，創造仍是從不間斷的歷程。

鄧可說的沒錯，所有的創造，不論是繪畫、飛機或電話，都有相同的基礎：不斷發現問題，解決問題。創造是思考的結果，跟走路一樣──左腳，問題；右腳，解答，一再重複，直到抵達目的地。決定你是否成功的關鍵，不在於你跨的步伐大小，而在於你走了多少步。

CHAPTER 3

世界對創新並不總是友善，
準備好迎接攻擊

1 | 福克曼和癌症小女孩

1994 年，某個夏日夜晚，一名叫珍妮佛的小女孩跑下樓，跟媽媽說她耳朵痛。珍妮佛的兒科醫生給她開了耳朵滴劑，不料疼痛惡化，一邊臉頰腫脹起來，醫生加開了雙倍劑量，卻越來越腫。X 光看不出所以然，鼓出的地方有一顆棒球那麼大。珍妮佛開始發燒，頭部腫大，體重減輕。外科醫生把腫瘤切除，但很快又長回來，只好切除珍妮佛的半個下顎，但是腫瘤持續復發，醫生再度切除，反覆到第四次時，已經快侵蝕顱骨，足以致命。藥物起不了任何作用，珍妮佛最後的機會，就是放射線治療。沒有人有把握這麼做能控制腫瘤，但她的半邊臉肯定是無法繼續生長，罹患這種疾病的孩童，許多後來都走上自殺一途。[1]

正當珍妮佛的父母為治療方式舉棋不定時，她的醫生從研究人員那兒聽到一個爭議性很高的療法。有個醫生提出一個理論，認為腫瘤會製造自己的供血系統，只要切斷血液供應管道，就可以摧毀腫瘤。很少人相信他的話，這個實驗性質濃厚的療法，聽起來就像江湖郎中的騙術。這名醫生叫福克曼（Judah Folkman）。

醫生告訴珍妮佛的父母這個未經驗證的理論，並且警告他們福克曼是個有爭議、毀譽參半的人，幻想家的成分大過

科學家。不過，珍妮佛的父母覺得情況危及，不妨一試。長時間處於絕望的困境，「幻想」不啻是一種希望，總比沒有指望的好。珍妮佛的父親簽下同意書，把女兒的性命交到福克曼的手裡。

福克曼開了一種效果未經證實的新針劑，讓珍妮佛的雜貨店店員媽媽扶著她，技工爸爸為她注射。持續了幾個星期，他們在珍妮佛流淚哭喊抗議中，把針頭扎進她的手臂。福克曼的針劑讓她的病情更加惡化，這名被折騰得形銷骨立的垂死女孩發起高燒，出現幻覺。她的鄰居只能每晚聽著她的哭叫，為她祈禱。

福克曼稱這套理論為 angiogenesis ——拉丁文，「血管新生」之意。他在三十多年前一項實驗失敗後，開始構思這套理論。福克曼曾在軍中服役，擔任外科醫生，為海軍研究在長途航程中保存血液的方法。為了實驗什麼方法有效，他製作了一套儀器，讓人造血在兔子腺體中循環，再將某種快速生長的物質，即老鼠身上的癌細胞，打入兔子腺體。他原本以為細胞不是繼續生長，就是死亡，沒想到另一種狀況發生了。細胞長到骰子上的圓點那麼大就停止了，但仍然是活的；當福克曼把細胞放回老鼠身上，就長成致命的腫瘤。奧祕就在於此，為什麼癌細胞在兔子腺體裡停止生長，卻能回頭殺了老鼠呢？

福克曼注意到，老鼠的癌細胞四周充滿血液，但兔子腺體裡並沒有。老鼠身上的新生血管會增生，包覆住腫瘤，提供養分壯大它們。

　　海軍實驗室的其他科學家對此興趣不高，但福克曼認為這個發現十分重大，足以改變一生。會不會是腫瘤自己製造新血管，幫自己編織一張血液輸送網來吸收營養？如果阻斷這個現象，會怎麼樣？可以殺死腫瘤嗎？

　　福克曼是外科醫生，擁有面對活生生人體的經驗，外科醫生可以看到實驗室科學家看不到的事情。對外科醫生而言，腫瘤是一團濕濕的紅色爛肉，科學家看到的卻是乾燥的白色組織，跟花椰菜差不多。「我看過、也處理過癌細胞，它們是溫熱、紅色、血淋淋的。」[2]福克曼說。「所以當批評的人說，他們看不出來這些腫瘤裡有血管的時候，我知道他們看的是取出體外的腫瘤組織，血液已經流失的樣本。」

　　離開海軍以後，福克曼進入波士頓的市立醫院。他的實驗室非常狹小，僅有的光線是從挑高天花板旁的窗戶撒下的自然光。

　　他獨自工作了幾年，終於擁有自己的團隊，包括一名醫學研究生和大學部學生。他們不分日夜地投入第一份關於血

管如何倚賴細胞碎片，又稱為血小板的研究報告，並在 1969 年發表於《自然》（*Nature*）期刊。

之後，福克曼的研究報告遭到拒絕，包括《細胞生物學》、《實驗性細胞研究》和《英國癌症期刊》都拒絕刊登他在腫瘤與血液相關性的研究，申請研究經費也被拒，審核人說他的結論超出資料範圍，他在實驗室得出的結果，不會在病人身上發生，以及實驗設計不良。有些人根本覺得他瘋了。

1960 和 70 年代，癌症領域還沒人留意血液，所有癌症治療的光環聚焦在放療與化療。醫生瞄準惡性細胞，彷彿對準一支四處掠奪的軍隊，以發動戰爭的概念加以殲滅。化療是從一次大戰的化學武器發展而來，而放療則脫胎自二次大戰的核子武器。福克曼將癌症想像成一種不斷滋長的病，肇因於身體細胞的持續生長，不像其他疾病，因身體敗壞或衰竭造成。他沒有將腫瘤看成入侵者，而是生來就能互通訊息的細胞，如同他的研究助理金波隆（Michael Gimbrone）形容，可與人體「動態對話」。福克曼堅信他能藉由阻斷交流，讓腫瘤自然死亡。

福克曼遭遇質疑的一個原因，是因為外科醫生的身分。科學家並不尊敬外科醫生，在他們眼中，手術房跟肉鋪子沒

兩樣，比不上實驗室。[3] 但福克曼說，活生生的人體身上的腫瘤，才有助於他的研究。有一次，一名罹患卵巢癌的婦女，癌細胞已經擴散，在動手術切除的過程中，他發現一個充滿血液的大腫瘤，周遭環繞著許多白色的小腫瘤，看起來還沒有獲得血流供應。他為此衝進實驗室，福克曼認為他的實際所見，足以支持他的想法沒錯，雖然所有專家都否定他。

福克曼遭遇的排擠十分猛烈。他的演講反應冷淡，這還是最好的狀況，最糟的時候，當輪到他發表，觀眾便起身離開會場，留他一個人面對空蕩蕩的講堂。審核委員批評他白費工夫、死路一條，一名耶魯大學的教授甚至直指福克曼是「江湖術士」，新研究員被勸阻加入他的實驗室。他擔任外科主任的波士頓兒童醫院的董事會，擔心福克曼會影響醫院的聲譽，就把他的薪水減半，強迫他離開手術台。1981 年的某一天，他預備為一名新生女嬰修復畸形的喉嚨，結果被取消，從此不得再為病患動手術。

外界的攻擊和內部的打壓交相來臨，要驗證他的假設，就必須不斷重複實驗，其中大部分都沒有成功。他在牆上掛了一塊牌子，上頭寫著：「創新，是一連串週而復始的失敗。」說明研究幾乎沒有進展。

1985 年 11 月的一個星期六，福克曼的研究員英格博

（Donald Ingber）發現有個實驗遭到黴菌污染。這種狀況在實驗室並不罕見，科學家通常恪守嚴格的規範：被污染的實驗品必須丟棄。但英格博沒有這麼做，他檢查了培養皿裡的血管，發現黴菌正在逼迫滋生的血管撤退。

英格博與福克曼用黴菌做實驗，看著黴菌抑制血管生長，先是培養皿裡的檢體，然後是雞胚胎，再來是老鼠。

回到珍妮佛的故事。福克曼試著幫她驅趕腫瘤，來證明他驚世駭俗的血管新生理論。當珍妮佛深受福克曼療法折磨而扭動哭喊時，她的父母終於明白，為什麼福克曼的研究無法發表，拿不到經費，也不能執行手術。這也是為什麼，其他科學研究人員說他是拿著一個沒有希望的項目招搖撞騙的瘋子，終將徒勞無功，要其他研究員躲他遠一點。

說穿了，原因只有一個，他的想法是嶄新的。

經過頭幾個禮拜痛苦的治療後，珍妮佛的燒退了，幻覺也消失了，她頭部的腫瘤越縮越小，最後永遠離她而去。一段時間之後，她的下顎長回來，回復原本的可愛小女孩模樣。福克曼醫生拯救了她！

2 | 創新，是一連串周而復始的失敗

　　創造沒有捷徑。通往終點的路，既不是康莊大道，也不是曲折小徑，而是一座迷宮。

　　福克曼走進的迷宮，進去很容易，出來很困難。創造不是片刻的靈感，而是一輩子的耐力戰。這世界充斥著各種半途而廢的事物：沒畫完的草圖、零碎的發明、不完整的產品、筆記只寫了一半的假說、放棄的專利、片段的手稿。<u>創造裡，單調乏味的成分，遠大過刺激的冒險——一趟老是轉錯彎、碰到死巷子的旅程。從清晨到深夜，日復一日埋頭苦幹的事，不但進度緩慢，還有很大機率以失敗、被刪除或被拒絕收場。創造者一定要做的事，是工作；而一定不會做的事，是放棄。</u>

　　創造想要有所成，就必須在壞結果出現時努力不懈。壞，是通往好的道路。福克曼直到成功治癒珍妮佛之前，他的努力是「一連串週而復始的失敗」。這些失敗可是得來不易，是一堆用兔子眼睛、雞胚胎和小狗內臟所做的血淋淋的實驗。有些需要用到大量的牛軟骨，有些需要幾加侖的老鼠尿。許多實驗必須重複做很多次，有些做錯了只好棄置重來，有些雖然做對了，但結果沒什麼幫助。多數的工作會占據夜晚和週末，長期的努力常常一無所獲。福克曼有一次忍不住質疑，不屈不撓和冥頑不靈只有一線之隔，他的結論就像給

自己的咒語：「如果你成功了，大家會說你有毅力；如果沒成功，那就是你太頑固。」

在珍妮佛之後，福克曼救了更多人的性命，血管新生成為癌症治療的重要理論。[4] 醫生與科學家們不僅讚美福克曼毅力驚人，更把他捧為天才。這些榮耀的來到，都在他的假設得到驗證之後。那麼，他到底是不是天才？

英格博的黴菌並不是什麼神奇的巧合，是耐力讓他等到運氣。福克曼團隊努力了好幾年，找出培養血管的方法，測試阻斷供血的媒介，了解腫瘤的生長特性。英格博是傑出的科學家，星期六也在工作，總是為機會做好準備。在別的實驗室，黴菌早被丟掉了，或者，他們早改做其他實驗了。這個事件是必然的結果，毫無僥倖，幸運之神總是青睞努力的人。

我們每一回合帶著問題走進創造的迷宮。福克曼一開始在一個只比收票亭大一點的昏暗實驗室裡獨自工作，似乎沒什麼前途，他第一個研究也差不多，得到的問題比答案多。我們也一樣，有些問題是我們問自己，有些是別人問我們，我們無法事先知道答案，甚或怎麼去找答案。創造需要信念勝過理由，我們必須堅定信念——對我們自己，對我們的夢想，對我們的勝算，以及對努力所能累積、調和與創造的能

量。福克曼找不到理由相信自己正確，卻有數不清的理由告訴他錯了——多半由他的同儕提供。支持他繼續走下去的，只有信念。

信念讓我們可以面對失敗。信念不等於信仰，我們也可能選擇信仰宗教，但信念，是相信前方必有出路。創造者對於失敗有著不同的定義，失敗不代表結束，失敗（failure）這個字本身無涉價值判斷，也不作結論，源自拉丁文的 fallere，原意為詭計。失敗是一個詭計，意在擊敗我們，我們不能上當。失敗是教訓，不是損失；是獲得，不是羞恥。如果說，「千里之行，始於足下。」[5] 難道最後一步前所跨出的步伐都算失敗？

沃凡姆（Stephen Wolfram）是一位科學家、作家和企業家，因為寫了一個古怪的軟體程式 Mathematica 而聞名。除了寫書及寫程式以外，他瘋狂蒐集關於自己人生的所有資訊，累積建立了一個自稱是「世界上最大的個人資料庫」，包括知道自己從 1989 年以來一共發出多少封 e-mail，2000 年以來參加過幾場會議，2003 年以來打過幾通電話，還有 2010 年以來一共走了幾步路。他對這些事一清二楚。自 2002 年開始，他記錄自己在電腦鍵盤上按下的每一個按鍵，從 2002 到 2012 這十年期間，他按了超過一億個按鍵，然後驚訝地發現最常按的是 Delete（刪除），多達七百萬次以上：

意思是，每打一百個字就會刪掉七個，相當於刪除寫了一年半的作品。[6]

沃凡姆也統計了他寫的二十萬封 e-mail，發現他最常刪除關於發表或出版的郵件，對於專業作家來說這很正常。例如，作家史蒂芬・金已經出版八十多本作品，大部分是小說。[7]他說自己每天寫兩千多個字[8]，在 1980 年代初期到 1999 年，他一共出版三十九本新書，總計超過五百萬字。[9]如果一天寫兩千字，持續二十年，可以產出一千四百萬字，想必史蒂芬・金保留一個字的同時，幾乎刪掉了兩個字。他說：「電腦上有刪除鍵是有道理的。」[10]

這些被史蒂芬・金刪掉的字去了哪裡呢？可不是改寫一下就好。他最暢銷的小說之一《末日逼近》（*The Stand*）在 1978 年出版。[11]他刪減後交出去的完稿，據他的說法，「長達一千兩百頁，重十二英磅，跟我喜歡打的保齡球一樣重。」[12]

出版社擔心這麼長的小說不好賣，史蒂芬・金只好再刪，整整刪了三百頁。而最驚人的是，史蒂芬・金透露他差點寫不下去的經過，這本書寫到一半，寫了五百多頁的時候，他碰到了瓶頸，「如果我只寫了兩百、甚至三百頁，我大概已經放棄《末日逼近》，改寫別的──只有天知道我曾經寫

下這些東西。但五百頁實在是太大的投資，在時間和創作精力上都是。」[13]

　　史蒂芬・金會丟掉三百頁沒有空行的打字稿件，大約六萬字，大概要花上一個多月伏案寫作的成果，如果他覺得不夠好的話。

　　成功是許多失敗的累積。發明家戴森（James Dyson）每當發現問題，他會立刻找方法解決，即使不奏效。他把這個做法叫做「做完丟掉，丟掉再做」（make, break, make, break）。一般人認為失敗的東西，在工程師看來都是試驗的原型。戴森公司的網站上這麼說：

> 有個關於發明的錯誤觀念，就是有了一個好創意後，只要拿出工具箱胡亂瞎搞幾天，就可以做出成品。事實上，這個迭代過程漫長而枯燥得多——每次改一個小變數，一遍又一遍地反覆嘗試。[14]

　　戴森描述自己「不過是一個普通人，東西不能用，就會生氣。」[15]讓他生氣到改變一生的東西是，吸塵器只要吸塵袋滿了就失去吸力，他開車時一邊想這個問題，剛好經過一家工廠，使用一套「氣旋分離」原理的吸塵系統。所謂的氣旋分離，是以高速旋轉空氣，將空氣和灰塵分離開來，類似

桃樂絲走到奧茲王國的情景：

> 南方與北方吹來的風在房屋所在地交會，房子被氣旋包圍。氣旋中心的空氣通常是靜止的，但房子四面環繞的風將它越吹越高，一直吹到旋風的最高點。小女孩發出一聲驚叫，四下張望。隨後房子在旋風中輕輕降下——落在一片壯闊美麗的原野之間。[16]

氣旋分離的吸塵原理很簡單，沒有會造成堵塞的濾網，就不會有吸力降低的問題。濾網是大部分吸塵器會或不會堵塞的原因，戴森的想法很單純：用氣旋取代濾網來吸取灰塵和空氣。

然而，氣旋涉及的算數並不單純，必須運用流體力學算出攜帶微粒的空氣的傳送公式，以預測灰塵的路徑。戴森沒有浪費太多時間在算數上，他就像萊特兄弟一樣，觀察後直接行動。他做的第一樣東西——一部拆卸過的吸塵器——當然沒成功。第二次、第三次、第四次也沒有。

戴森遇到的問題不少。他必須製造出世界最小的氣旋機，可以吸起直徑一微米的灰塵，還要適合家庭使用，以及大量製造。[17]

戴森在五年間製造並測試了超過五千個原型，設計出一部氣旋分離式吸塵器。他說：「我是個超級失敗的傢伙，因為我犯過五千一百二十六個錯誤。」[18] 他也在某個場合中說：

> 我幾乎每一天都想放棄，很多人會在整個世界跟他唱反調時放棄，但就是這個時候，應該再努力撐一下。我借用跑步的說法，有時候感覺好像跑不動了，但只要跨過這個障礙，終點就在眼前，一切痛苦都成過眼雲煙。往往只要轉個彎，答案就在那裡。[19]

戴森的答案，得出一部氣旋分離式吸塵器，為他帶來數萬億美元的生意與超過五十億美元的個人財富。[20]

福克曼的「創新，是一連串週而復始的失敗」，對於各種領域的創造，以及每一位創造者都適用。沒有事物第一次做就完美，鄧可循序漸進解決問題的方式，對康丁斯基作畫同樣有效，有些步驟甚至是走回頭路，但唯有堅持到底，方能有所前進。作家魯波萊特（Linda Rubright）對迭代過程的定義是「徹底失敗，再重來。」[21] 創造者必須願意經歷失敗重來，直到找到解答為主。文學家貝克特（Samuel Beckett）說得最好：「再次嘗試，再次失敗，但這次失敗會比上次好些。」[22]

3 | 陌生人的糖果

失敗不是徒勞，是有用的。把時間用來失敗是有效益的，在創造迷宮裡漫步從來就不是浪費時間，離開迷宮才是。

一位匈牙利心理學教授為了他寫的一本書，曾經寫信給一些知名的創造者，希望他們接受採訪。這項計畫得到最有趣的一個結果是，有多少人婉拒受訪。[23]

管理學作家杜拉克（Peter Drucker）的回信是：「生產力的祕密（我相信的是生產力，不是創造力）之一，是要有一個『非常大』的垃圾桶來處理『所有』，包括您的邀請函。就我的經驗，生產力包括『不要』幫別人做任何工作，把你所有的時間用來做老天爺要你做的事，然後把它做好。」

小說家貝婁（Saul Bellow）的祕書回覆：「貝婁先生告訴我，他在後半輩子能保持創作力，至少一部分創作力，是因為不允許自己成為他人研究的一部分。」

攝影師艾凡登（Richard Avedon）則說：「抱歉，時間有限。」

作曲家李蓋提（György Ligeti）的祕書轉達：「他極富

創造力，也因此他全心投注於工作。您之所以希望了解他的創作過程，正是他無法撥出時間受訪的理由。他也特別解釋，本人無法親自回信，是因為他正為了完成一部作品筋疲力竭，這是秋天即將首演的小提琴協奏曲。」

這位教授邀請了兩百七十五人，三分之一的人拒絕了。他們的理由都是沒有時間。另外三分之一沒有回音，我們可以假設他們連說不的時間都沒有，或者可能沒有祕書幫忙。

時間是創造的原始材料。揮去魔幻色彩和創造迷思，最後剩下的只有下苦功，不斷鑽研練習只為成為專家的苦工、不斷找解答和問題的苦工、嘗試錯誤的苦工、思考和淬鍊的苦功、創造的苦功。創造需要夙夜匪懈，不眠不休，全力投入；不是隨心所欲，想到才做。創造是一種習慣，一種身不由己的沉溺，以及一項使命。創造者的一個共同點，是他們利用時間的方式。無論你是從哪裡讀到或聽到，幾乎所有的創造者都是全神貫注，全力投入，沒聽說過幾個一夕成功的案例，徹夜不眠的故事倒很普遍。

學會說不，產生的創造力，比創意、遠見加天分的總和還要多。學會說不，才能為我們省下時間，而時間是用來編織創作的絲線。關於時間的算數很簡單：它永遠不夠用。

我們不習慣說不，甚至覺得不應該說不。說不是無禮的，代表對他人的拒絕、駁斥，是一種微小的語言暴力，只有對毒品或拿著糖果的陌生人才能說。

再看看這位匈牙利教授的案例，一位知名優秀的學者，禮貌地親自請求一群在創造領域卓然有成的人撥出一點點時間，卻被三分之二的人拒絕，而且大部分連花一分鐘回覆，或找人打聲招呼都沒有。

創造者不會問一件事要花多少時間，而是以創造的代價來衡量。接受這個訪問、寫這封信、看這部電、出席這次的朋友聚餐、參加這場舞會、夏季最後一天的出遊……如果不說不，對創造會有多少影響？少畫一幅草稿？少寫一首詩？一段文章？少做一個實驗？二十行程式？答案通常都一樣：事情多，創造就少。我們永遠沒有足夠的時間，總是要買菜、要加油、要花時間與家人共處，以及要上班工作。

從事創造的人都很清楚，這個世界到處都是拿著糖果的陌生人，他們知道要說不，也知道要如何承受說不的痛苦後果。大文豪狄更斯拒絕過一個朋友的邀請：

> 「只要半小時」、「只要一個下午」、「只要一個晚上」，人們一而再、再而三跟我這麼說，但他們不知道，要讓

一個全神貫注做事的人撥出五分鐘，根本是辦不到的；或者，單單是想到這個約會，就可能影響一整天。任何從事藝術創作的人都是全心投入，樂此不疲。如果你因此質疑我不想與你見面，我很難過，但也無可奈何，我必須堅持自己的道路。[24]

說不，使我們顯得疏離、無趣、無禮、不友善、自私、反社交、冷漠、孤獨……各式負面詞彙的集合；但說不，是讓我們持續創造的關鍵。

4 | 不平凡的主張，需要不平凡的佐證

失敗經常伴隨著排斥。

1846 年，維也納有大量的產婦與嬰兒在分娩時因產褥熱死亡，產褥然是一種侵襲婦嬰的致死疾病。維也納綜合醫院有兩間產科病房，只有其中一間造成產婦和新生兒大量死亡。懷孕婦女在醫院外面等待，祈求不被送進死亡率高的病房。排不進另一間病房的產婦，常常在街頭就地分娩，結果在街上生產的婦嬰存活率比醫院還高。所有死亡的個案都是醫生接生的，而死亡率低的診間則是由助產士來接生。

維也納綜合醫院是一家教學醫院，醫生藉由解剖屍體來練習醫術，他們常解剖完大體後就去接生。其中一名匈牙利籍的醫生塞麥爾維斯（Ignaz Semmelweis）開始懷疑產褥熱的感染源與屍體有關。但他的同儕覺得這個假設很荒謬，例如一名丹麥產科醫生李維（Carl Edvard Marius Levy）便撰文抨擊，「就科學研究的推論而言，塞麥爾維斯的想法不清楚，觀察變動性大，也沒有明確的經驗。」李維認為塞麥爾維斯的研究缺乏理論基礎，塞麥爾維斯懷疑屍體上有某種有機物質被傳播給產婦，但他不確定究竟是什麼。李維說，就科學觀點來看，整個假設無法令人滿意。

然而，從臨床觀點來看，塞麥爾維斯有強力證據可以支持他的假設。[25] 在那個年代，醫生進出手術房是不洗手的，而且深以白袍上的血跡為傲，任由斑斑血跡經年累月地堆積。塞麥爾維斯說服維也納的醫生在接生前先洗手，效果立竿見影。1847 年 4 月，有五十七名婦女死於維也納綜合醫院的第一產科病房，死亡率達 18%，5 月中，塞麥爾維斯推行洗手法，到了 6 月，只有六名產婦死亡，死亡率 2%，與第二產科病房一樣，並且一直維持很低的死亡率，有些月份甚至降到零。隨後的兩年，塞麥爾維斯挽救了約五百名產婦，以及無可計數的嬰兒。[26]

然而，這些結果仍不足以克服各方的質疑。美國產科醫

生梅格斯（Charles Delucena Meigs）是這股攻擊聲浪的代表，他告訴他的學生，醫生的手不可能傳染疾病，因為醫生是可敬的紳士，而「紳士的手是乾淨的」。

塞麥爾維斯並不了解，為何接生前先洗手可以救命，他只知其然，不知其所以然。如果你不了解原因，那為什麼要做？對於李維、梅格斯，以及塞麥爾維斯其他的紳士同僚而言，使數以千計的婦嬰免於死亡威脅，還無法構成充分的理由。

醫界拒絕接受塞麥爾維斯的想法，嚴重打擊他的士氣與作為。原本醫院裡的明日之星，在提出洗手法後備受打壓，過了幾年，塞麥爾維斯失去工作，開始出現精神失常的跡象。最後他被送進一所精神病院，被套上緊身服毆打，兩週後過世。他的喪禮很冷清，沒什麼人參加。沒有塞麥爾維斯督導，維也納綜合醫院的醫生不再繼續洗手，產科病房的婦嬰死亡率升高了 600％。

即使在醫療這個講求實證與科學的領域，儘管結果是存活取代了死亡，甚至所謂的發明，只不過是要求人們洗手這麼簡單，創造者仍然可能不受歡迎。

為什麼？因為世人對改變的抗拒太過強大。當你要帶給

世界全新的事物時，切記打起精神。有影響力通常不是什麼愉快的經驗，有時候創造最困難的部分，不是產生想法，而是保全想法，同時保全自己。

塞麥爾維斯的想法挑戰了兩千年來的醫學教條，從古希臘的希波克拉底斯以降，醫生信奉體液學說：相信人體由四種體液構成：黑膽汁、黃膽汁、黏液與血液，這套學說仍保存在現今的語言裡。拉丁文裡，黑膽汁是 melan chole，黑膽汁過多的人據說容易憂鬱（melancholy），黃膽汁（chole）過多令人暴躁易怒（choleric），血液（sanguis）過多的人比較樂觀（sanguine），黏液（Phlegm）則使人冷淡遲鈍（phlegmatic）。四種體液平衡則健康良好，疾病和殘障是因為吸入蒸氣或「壞氣」導致不平衡。這個概念稱為「沼氣理論」，一般用放血來治療。19 世紀時的醫生，把水蛭放在病人的背上來放血，稱為水蛭療法。水蛭用吸盤吸住病患的皮膚，吸盤下有三排螺旋槳狀的尖牙，當吸盤固定就位後，水蛭會咬開皮膚，注入麻醉劑和抗凝固劑，接著開始吸血。水蛭一旦吸飽血，會自動滑落，開始消化吸入的血液，整個過程約耗時兩個小時。這段時間必須耐心等待，如果水蛭還沒吸飽血就把牠拿開，水蛭會嘔吐在病患的開放傷口上。

塞麥爾維斯認為，產褥熱可能是醫生將屍體上的污染散播給病人，因此可以用洗手來預防，抵觸了體液說、沼氣說

和水蛭療法三位一體的古老醫學理論。如果疾病是由身體內部自然產生，衛生清潔怎麼可能影響健康呢？

直到塞麥爾維斯過世之後，另一位創造者巴斯德（Louis Pasteur）回答了這個問題。塞麥爾維斯將重點放在存活婦女的數量，期望理性終將占上風，巴斯德則使用審慎設計的實驗，提出了日後知名的「細菌理論」。他拿出毫無爭議的證據，證明微生物導致許多疾病。巴斯德很清楚這套理論的爭議性質，也可能遭致那些讓塞麥爾維斯吃盡苦頭的反對人士惡意排斥。體液學說的忠誠信仰者幾世紀以來一直在駁斥有關細菌的說法，巴斯德提出一絲不苟的嚴謹證據，鍥而不捨堅持主張，最後終於使大部分的歐洲信服。塞麥爾維斯的臨床成果雖然指出了事實，但不足以克服兩千年來積非成是的信仰。一些重要的思想家都指出，新的觀點比舊想法需要更好、更有力的證據。

英國哲學家休謨（David Hume）說：「智者的信仰必須佐以證據。」

法國天文學家拉普拉斯（Pierre-Simon Laplace）說：「一個非凡的主張，必須具備與其特異相稱、足夠分量的證據。」

美國社會學家楚茲（Marcello Truzzi）說：「不平凡的

主張，需要不平凡的佐證。」

　　美國宇宙學家薩根（Carl Sagan）也說：「不同凡響的看法，必須提出不同凡響的證據。」[27]

　　社會上的主流觀感，無論日後看來有多荒謬，常因為流傳久遠和耳熟能詳而不斷地強化，直到有人帶著足夠的證據、耐心和毅力，才能扭轉成見。而塞麥爾維斯以為拯救數百名婦女就足夠了。

　　塞麥爾維斯失敗的一個理由是，他沒有料到這個絕妙的想法居然被全盤否定，甚至遭到惡意、甚至人身攻擊，令他深感震驚。其實，創造是新推翻舊，就像鞋子裡進了一顆石子，對某些人來說，創造者是一種威脅。因此，創新並非經常受到歡迎。

　　塞麥爾維斯的反應在今天仍然十分普遍。一般人對於創造最大的誤解是，好的想法總是受到讚頌和歡迎，這其實是一個迷思。迷思的由來，部分可以追溯到 1855 年，麻塞諸塞州康科德鎮的一個小故事。

5 ｜更好的捕鼠器

美國散文與思想家愛默生（Ralph Waldo Emerson）寫過一篇文章：「如果一個人有一批好穀物、好木柴或板材、牲口可以販賣，或者可以比別人製作出更好的椅子、刀具、鍋爐或風琴，即使住在荒郊野外，門前必定會出現一條寬敞平坦的大道。」[28] 到了 1899 年，愛默生過世後幾年，這些句子被誤傳成：「如果一個人能寫出更好的書、傳更好的道，或製作出比鄰居更好的捕鼠器，就算是住在窮鄉僻壤，世界仍然會為他鋪出康莊大道。」[29] 後來這段話又被改成：「做一個更好的捕鼠器，世界會為你鋪好道路。」[30] 從此成了名言佳句。

這句名言的效應，不僅造成人們熱愛新事物的誤解，許多人望文生義，以致於捕鼠器成為美國專利申請次數最多、最常被重新發明和改良的物件。每一年大約有四百件捕鼠器專利申請，當中約有四成取得專利。至今總共發出超過五千件捕鼠器專利[31]，數量之多，使得美國專利商標局為捕鼠器項目劃分出三十九個子項目，包括「刺穿」、「窒息或擠壓」、「電擊與爆裂」等，幾乎都是獨立發明人所擁有。他們大都會引述這段他們以為是愛默生的名言。[32] 而這五千多件捕鼠器專利裡，只有不到二十件賺到錢。

這句俗諺用意並不在啟發捕鼠器的創新發明，相反的，捕鼠器才是靈感來源。愛默生不可能寫出這段話，他在捕鼠器商業化之前就死了。[33] 我熟悉這個典故，有部分理由是我的曾祖父與愛默生同一時代，便是以抓老鼠維生。他捕鼠的主要工具是狗，傑克羅素梗犬，當年算是新培育出來的犬種，特別訓練來捕捉有害的小動物。其他的捕鼠利器包括貓——雖然以捕鼠聞名，但實際上沒有狗有用，還有捕鼠籠和溺斃法。情況到 1880 年代有了改變，來自伊利諾的發明家虎克（William C. Hooker）製造出第一個大量生產的捕鼠器。[34] 沒有多久，我家的祖傳小生意有了變化：很少人需要捕鼠人，因為便宜的捕鼠器很容易就能買到。今天我們看到的捕鼠器大致就是虎克的發明，當老鼠咬誘餌時，就會觸動彈簧桿。這個「更好的捕鼠器」，正可對照那句 1889 愛默生的再造名言，虎克已經做到了。

　　虎克的捕鼠器在幾年內不斷改良，幾達完美，而且便宜、簡易又有效，至今仍是最普遍採用的設計，一年捕獲超過兩億五千多隻老鼠，銷售勝過所有稍微改動一、兩個地方的競爭者，每個售價不到一美元。[35] 其他五千多個後繼者在市場上幾乎全軍覆沒。

　　創造者會受到英雄式歡呼的觀念是錯的，無論是過去或現在。愛默生並沒有寫那段話，他真正要表達的是所謂的「名

氣」——一個人如果提供有價值的商品或服務，便能有所成就。如果愛默生用今天的寫法，他可能會這麼說：「開一家鎮上最棒的咖啡店，你的鄰居都會來排隊買一杯。」他可沒有鼓勵我們去研發咖啡的替代品。

世界需要更好的捕鼠器的誤解，造成的後遺症不僅是捕鼠器氾濫，某種掠奪性產業也應運而生，「發明推廣公司」的廣告充斥電視、廣播和報章雜誌，宣稱可以幫民眾評估點子，申請專利，並且賣給製造商與零售業者。他們先收取幾百美元的「評估費」，而評估的結果幾乎都是可以申請到專利，以及深具價值，然後再收取幾千美元作為法律與行銷服務費用，誤導發明人認為他們的點子是萬中選一，公司會投入時間和金錢來推廣，並賺取權利金。事實上，這些公司賺的是這筆預付款，行銷發明的成功案例幾乎沒幾個。

1999 年，美國聯邦政府終於介入，保護「國家最珍貴的自然資源：獨立發明人」。[36] 柯林頓總統簽署了「美國發明者保護法案」，聯邦貿易委員會控告這些發明推廣公司，包括打著國家創意中心、美國發明協會、國家創意網、國家發明網，還有國際尤力卡解決方案等名號的業者。追本溯源，聯邦貿易委員會將這項行動命名為「捕鼠器專案」。

其中一家戴文森公司付出一千一百萬美元，與聯邦貿易

委員會達成和解,同時承諾不再對公司服務做錯誤的宣傳,並改名為戴文森設計公司。[37] 這家公司有一個像主題樂園的工廠,名為「發明園地」,位於賓州的辦公室,配備一座藏在書櫃裡的城堡、海盜船和樹屋。發明園地有許多稱作「發明職人」的員工,創作成品包括一支做肉丸的鍋子、拖鞋收納桿,以及狗服裝。許多發明源自於戴文森自己的創意,不過對外一律稱為「客戶產品」。[38]

我們從發明園地的案例可以了解「更好的捕鼠器」的真相。聯邦貿易委員會的裁決,逼迫戴文森揭露他的客戶有多少人賺到錢。根據這家公司 2012 年 11 月的報告,平均一年有一萬一千人簽約,其中只有三人獲利。從戴文森公司 1989 年成立,到 2012 年的二十三年間,共有二十七人透過公司的服務賺到錢,平均一年一個多一點。多少錢呢?戴文森必須透露他的收費,一年從客戶收取的金額達四千五百萬美元,而販售客戶產品所得的金額,約是營收的 0.001%,客戶產品的權利金約占 10%。[39] 如果報告屬實,戴文森一年賺的權利金約四百五十美元,而全部的客戶一年總計花四千五百萬美元購買公司的推廣服務,只得到四千零五十美元的利潤,等於每投資一萬美元,回收不到一塊錢。

戴文森一年簽下超過六萬筆發明構想,單就這一點就足以令發明人起疑——可能是一樁捕鼠器迷思。很不幸的,如

果有人一聽就熱愛你的點子，他要不是發自內心，就是別有所圖。當你有一個重大發明時，面對的往往是拒絕。做一個更好的捕鼠器，世界並不會主動幫你鋪好路，你必須自己開闢通往世界的道路。

6 ｜ 否定的價值

否定很傷人，但這還不是最壞的情況。1911 年 2 月 22日，赫維耶（Gaston Hervieu）抓住艾菲爾鐵塔頂端的欄杆向下望，站在離巴黎地面兩百英尺的高處，底下的人們看起來比他的指甲還要小。

赫維耶是降落傘與飛船的發明人。1906 年，他是駕駛飛船抵達北極的團隊成員之一；1909 年，他發明了降落傘來減緩飛船下降的速度。為了測試給飛機駕駛的新型緊急降落傘，赫維耶爬上艾菲爾鐵塔，他先檢查風向，深呼吸舒緩一下緊張情緒，然後開始測試。他的降落傘一離開平台就立刻打開，傘面鼓漲著空氣，在空中形成一個半圓，隨後安全降落地面。荷蘭新聞週刊《Het Leven》的一名攝影師捕捉到這個畫面，一個物體優雅地從天而降，在鐵塔西北面的拱門下留下一道倩影，背景是特洛卡德羅宮前圍觀的群眾。

事情實際上沒那麼簡單，赫維耶並沒有自己跳，而是用了一個一百六十磅的測試假人。對大多數人來說，小心謹慎沒什麼不好，但至少在某個人看來，這麼做簡直無法容忍。雷夏特（Franz Reichelt）是一個澳洲裁縫師，曾經設計自己的降落傘，他抨擊赫維耶用假人是作假[40]，一年後的 1912 年 2 月 4 日，他也到艾菲爾鐵塔來進行自己的測試。

　　雷夏特決心向世人公開這次的測試，攝影師、新聞記者，還有一名 Pathé 通訊社的攝影記者都在現場等待。[41]雷夏特擺好姿勢供拍照，他脫下貝雷帽，然後發表了令人驚訝的聲明，他將不會用假人，甚至不用安全繩，他說：「我有信心，我的降落傘可以運作得很好，而且我要自己跳。」[42]

　　赫維耶也到現場觀看雷夏特的測試，並試圖阻止他這麼做。赫維耶說雷夏特的降落傘因為某些技術原因，是無法成功的。兩人經過一場火爆的討論，最後夏雷特轉身離開，走向鐵塔的台階，當他向上爬時還不忘回頭說：「我的降落傘將徹底推翻你的論點。」

　　赫維耶曾經帶著降落傘和一個假人爬了三百六十個階梯到塔頂，但雷夏特什麼都沒帶，他穿著他的降落傘服，就像一個即將從失事飛機往下跳的駕駛員。次日的新聞報導了雷夏特的說法：「我的降落傘與其他類似的發明不同，材質一

部分是防水布料，一部分是純絲，前者的功能就像衣服，而且與一般衣服一樣合身，後者構成降落傘，摺在駕駛員背後，像個後背包。」

雷夏特爬到塔頂時，兩名助理已經等在那裡。他們在桌子上放了一把椅子，讓雷夏特可以站得比欄杆高，方便往下跳。他一隻腳站在椅子上，另一隻踩在欄杆上，如此維持超過一分鐘，同時往下看，檢查風向，做最後的調整。巴黎當日氣溫在零度以下，他呼出來的空氣凝結成一朵朵雲霧，然後，他跨出欄杆，縱身躍下。

《Het Leven》的攝影師等在鐵塔西北面的拱門，準備拍一張與赫維耶測試一模一樣的照片，差別在於，這回是活生生的真人。

那張照片確實拍到一個真人跳傘的畫面，然而跟上回拍的有些不一樣。赫維耶試驗的照片呈現了一個完美的降落傘，而雷夏特試驗卻是一團模糊的破傘。破傘就是雷夏特，他的降落失敗了，問題出在那身飛鼠裝，雷夏特的手臂到腳踝以大片絲質布料連結，頭上戴著連身帽。雷夏特跳下後四秒，不斷加速墜下，最後以一小時六十英里的速度撞擊地面[43]，造成大量塵土飛揚，還有一個六呎深的凹洞，雷夏特當場死亡。

現代降落傘使用七百平方英尺的布料，而且必須在兩百五十英尺以上的高度操作；雷夏特使用不到三百五十平方英尺的布料，並在一百八十七英尺高的塔頂進行，缺乏成功跳傘所需的足夠表面積與高度，而這便是赫維耶試圖阻止他的原因。

赫維耶不是唯一一個告訴雷夏特降落傘有問題的人，法國飛航俱樂部的專家也曾經否定過他的設計，寫道：「你的傘表面積太小，這樣做你會摔斷脖子。」[44]

雷夏特漠視所有的否定，直到事實否定了自己。七十四年後，物理學家費因曼（Richard Feynman）說過：「一項成功的技術，事實必須勝於宣傳，自然律是無法愚弄的。」[45]

雷夏特的故事，除了結局太過戲劇化之外，卻是大部分創造者的真實寫照。我們只聽到極少數的成功案例，卻對大多數的失敗一無所知。像塞麥爾維斯這樣的特殊個案，之所以撼動人心，是因為其戲劇化的反諷效果：我們知道創作者最後獲得了平反，這個結果讓創造者成為英雄，而否定他的人就成了一幫壞蛋。實際上，這群人通常都是誠實正直的，只不過單純想阻止錯誤和危險的想法，他們相信自己是對的，通常也沒錯。如果雷夏特平安降落，我們讀到的故事就

完全不一樣了。雷夏特會是英雄，而赫維耶變成眼紅的對手，法國飛航俱樂部則是一群礙事的老古板。雖然結局相反，這些反對意見的出發點並沒有什麼不一樣。

否定也有其價值。

7｜排斥，是出於本能的反應

福克曼醫生被排斥了數十年，申請經費被拒，論文被退回，聽眾也敵視他。

他遭到控告、降職，飽受諷刺與侮辱。然而，福克曼是個有魅力的人，他啟發了眾多研究人員，奉獻許多時間給病患，每天都跟妻子說我愛妳。福克曼並不是為人失敗或想法不好被排斥，而是因為，排斥是新事物帶來的自然結果。

為什麼？因為我們害怕新事物，如同我們需要它一樣。

1950 年代，兩位心理學家蓋佐斯（Jacob Getzels）與傑克森（Phillip Jackson）針對一群高中生做研究。[46] 這些學生擁有高於平均的智商，不過他們卻發現，最具創意的學生，往往比最沒創意的學生智商稍低。[47] 這些學生都被要求寫一

篇簡單的自傳，有一名智商較高的學生寫道：

> 我的自傳既不有趣，也不刺激，我看不出寫自傳的理由
> 是什麼。不過我會盡量寫一些有用的資料。我在 1943
> 年 5 月 8 日出生於美國喬治亞州的亞特蘭大。我的家族
> 源遠流長，多半來自蘇格蘭與英格蘭，偶爾有些例外。
> 近代先祖長久以來落腳美國南方，一小部分來自紐約。
> 我出生之後，僅在喬治亞居住了六週，便搬到維吉尼亞
> 州的菲爾法克斯。在那裡的四年間，我的生活乏善可
> 陳。

另一名很有創意的學生則這麼寫：

> 我出生於 1943 年，一直存活至今。我的雙親，也就是
> 我的父母，經過這些年，我越來越覺得他們是天作之
> 合。我父親是一名內科與外科醫生——反正他辦公室門
> 口的牌子是這麼寫。當然，他不當爹很久了，他已經到
> 了應該安享餘生的年紀，上個耶誕節前，他從仁慈醫院
> 退休，獲得一枝服務二十七年紀念鋼筆。

　　這兩段文字反應出這項研究中高智商與高創意孩童的典
型差異。高創意孩童相較高智商孩童有趣、淘氣、不易預測，
也較不傳統。這個結果並不令人意外，令人意外的是老師，

他們比較喜歡高智商學生，但並不喜歡有創意的學生。蓋佐斯與傑克森很驚訝，他們原本以為結果會相反，因為研究顯示，高創意學生的學業成績，與高智商學生一樣好，甚至更好，就算平均智商低二十三分。如果你相信智商分數——跟所有學校老師一樣，高創意學生確實讓人跌破眼鏡。然而，雖然高創意學生的亮眼表現超乎預期，卻不是老師們的寵兒，老師比較喜歡沒那麼有創意，符合預期的學生。

這個結論並不奇特，經過多次重複研究，到今天依然適用。[48] 絕大多數—— 98％的老師都說，創造非常重要，應該每天教導，但在受試時，他們總是比較喜歡不太有創意的學生，勝過較有創意的學生。[49]

「蓋佐斯與傑克森效應」並不局限在校園裡，成人世界也是如此。[50] 商業、科學，以及政府部門的決策和權威人士都說創造很重要，但實際測試的結果，他們根本不重視創造者。

為什麼？因為較具創造力的人通常比較頑皮，不遵循傳統，不容易預測，也因此較難控制。無論我們口頭上說創造如何重要，內心深處還是比較在意是否容易控制。所以我們害怕改變，喜歡熟悉，排斥是出於本能的反射作用。

我們不只是排斥別人的創造本能，也常常排斥自己的。

荷蘭心理學家瑞茲薛爾（Eric Rietzschel）做了一項實驗，要求受試者依據「可行性」、「原創性」、「創新性」來為一些構想打分數，再問他們哪個「最好」。而獲選最好的構想，總是那些被評為創新性最低的。[51]

瑞茲薛爾接著要求受試者為自己的作品打分數，結果也一樣，幾乎每個人都認為他們創新性最低的構想，反而是最好的。[52]

這個結果同樣被重現了很多次，數十年來的資料皆顯示同一件事：創造這件事，往往是我們口頭上說需要，實際上卻百般抗拒。

8 ｜排斥的本質

對新事物原則上歡迎、實際上排斥，是一項特質，而不是瑕疵。每一個物種都有其存活的利基，而每一個利基都帶著風險與報酬。人類得以勝出，創新是關鍵，報酬是能夠快速適應，我們改善工具的速度，快過於演化對於我們身體的改造。而風險在於創新的未知，創造新事物可能會帶來滅亡；

但是沒有創造，必定走向滅亡。所以我們成了矛盾的生物，需要、同時也害怕改變。沒有人是一味進取或一味保守，每個人都是兩者兼具。因此我們說要創新，卻選擇不變。

我們對於創新的內在驅動力如果毫無節制，可能會導致人類滅絕，人人都會因為嘗新而亡。排斥的本能，是演化對於人類需要創新、也需要控制這個問題的解決方案。

我們傾向拒絕新事物，至少抱持懷疑的態度。當我們處於熟悉的情境，腦中海馬迴細胞的放電速度比在新環境裡快了幾百倍。[53] 海馬迴連結著兩個神經叢，稱為杏仁核（amygdalae）——源自希臘文的杏仁——主管我們的情緒。海馬迴與杏仁核相連，是我們喜歡熟悉、排斥陌生的原因之一。

當大腦有了反應，我們也隨之趨吉避凶。新事物出現時，海馬迴找不到相關的記憶，便會向杏仁核發出陌生的訊號，讓我們產生不確定感。不確定感是令人厭惡的，我們總是盡可能避開這種狀態。[54] 心理學家用許多實驗證明了這點。[55] 不確定感使我們喜舊厭新，阻礙我們接納新的想法，即使我們自認重視，或者擅長創造。

更糟的是，我們也恐懼被拒絕。每個失戀的人都知道，

拒絕很傷人。[56] 我們用「心碎」、「自尊受創」、「傷害情感」這一類的言詞,因為我們被拒絕時會感到真實的疼痛,拒絕（spruned）這個字,正是出自古英文的 spurnen,「踢開」的意思。[57] 1958 年,心理學家哈洛（Harry Harlow）證實了亞里斯多德在兩千五百年前提出的:我們需要愛,如同我們需要空氣一般。[58]

哈洛做了一個今天沒有道德委員會能同意的實驗,他將初生的小猴子帶離母猴,小猴喜歡柔軟的布偶代母,多過於鐵絲網做成的替代品,儘管鐵絲代母會提供食物。被拿走布偶的小猴子雖然有充足的食物和飲水,卻很容易死亡。哈洛的論文名為〈愛的本質〉（The Nature of Love）,結論是肢體接觸比卡路里重要。他的發現同樣適用於人類,我們寧可餓死,也不願孤獨而亡。

人類對親近關係的需求,進一步加深了面對新事物的兩難。我們對全新的經驗懷有偏見,卻不願意承認,即使對自己也一樣。因為我們面臨社會壓力,對創意的見解都必須是正面的。我們都知道不應該說創新的壞話,甚至還自認為「有創意」。[59] 對於新事物的偏見有點像性別歧視與種族歧視,我們清楚,「不喜歡」創新是不被社會接納的,也真心相信自己「喜歡」創新。但是,一旦面對一個特定的創新想法時,我們通常比自己理解的更容易產生排斥。同樣的,當我們向

他人提出一個創新想法，他們感到排斥的程度也超出自己的想像。「拒新」其實是人的天性。

性別歧視與種族歧視是眾所知曉的偏見，而對新事物的偏見並不是，並沒有「新事物歧視」這種說法。[60] 盧德主義（Luddism）是最接近的詞彙，但卻是一個誤解。盧德份子是 18 世紀末到 19 世紀初一群英國紡織工人，為了保住飯碗，於是摧毀自動化紡織機。雖然美國後現代小說作家品欽（Thomas Pynchon）認為，盧德主義是「反對現代機器」的運動，事實上這是個偶發事件。[61] 盧德份子破壞機器並非反對新技術，而是為了保衛生計。不過他們的名字剛好填補上這種無名恐懼的空白。

對新事物的偏見，不會因為沒有名字就不存在；然而，缺少一個名稱，只會讓情況更糟。標籤讓事情清晰可辨，婦女和少數族群不會對偏見感到驚訝，「性別歧視」與「種族主義」便是歧視存在的證明，但「新事物歧視」可沒有警告標示。當企業、學界和社會在公開場合推崇創新，私底下卻百般排拒，難怪創造者會驚詫莫名，想不通自己哪裡做錯了。

波士頓兒童醫院排斥福克曼醫生是典型的例子。波士頓兒童醫院是全美排名最高的醫院之一[62]，隸屬於美國歷史最悠久的高等教育學府——哈佛大學，聘請了上千名科學家，

誕生過多位諾貝爾獎與拉斯克獎得主。這種地方理應很歡迎新想法，不料醫院卻因為福克曼的理論在同儕間引起爭議而處罰他。現在的波士頓兒童醫院以福克曼為榮，不過在 1981年並非如此，他們停止福克曼的外科職務，還降他的薪水。我舉福克曼為例，因為他的故事證明人們經常錯把鮮花當野草。重點不在於波士頓兒童醫院做錯了，他們只是做了一件尋常的事。

福克曼的故事不尋常之處，在於主角的不屈不撓，經得起一再的拒絕打擊。我們很難創造，除非我們知道如何處理被拒的挫折。

9 ｜ 如何逃離迷宮

我們該如何逃離這個由排斥、失敗和分心所構成的迷宮？

排斥是經過演化，為了保護我們的反射作用，無論我們可能得到什麼，對於新事物的第一個反應，通常是懷疑、質問和害怕。這種反應是正確的：大部分的想法是不好的。美國演化學家古爾德（Stephen Jay Gould）說過：「一個人不會因為遭受迫害而獲得與加俐略同樣的地位，他還必須是正

確的。」[63]

　　創造者必須為被排斥做好準備，但想要避免遭到排斥，唯一的方法就是不要創新。然而，被排斥不是放棄的藉口，不代表我們做錯，或我們有哪裡不好。

　　往好處想，排斥傳遞了一些訊息，讓我們知道下一步怎麼做。早期批評福克曼的人說他看到的是感染，不是血管，福克曼便設計出可以排除感染的實驗。排斥不等於迫害，清除裡頭的毒素後，可以留下有用的東西。

　　反觀自己躍向死亡的跳傘家雷夏特，就是沒有從排斥或失敗中汲取教訓。他不但漠視專家指出的設計錯誤，也忽視自己的數據資料。他曾經用假人測試降落傘卻墜毀，他自己從三十英尺高處跳入乾草堆，結果也是墜落。第二次沒放乾草堆，他背著降落傘從二十英尺高跳下，這次不但墜落，還跌斷腿。雷夏特沒有持續修改他的發明，直到可以成功降落，反而所有的證據都攤開在眼前，他仍緊抓著最初的想法，不再繼續思考其他的解答。

　　塞麥爾維斯，這位推動洗手的產科醫生遭受激烈的排斥，以致失去工作，甚至性命。他錯失了一個大好機會。塞麥爾維斯找到足以改變世界的重要發現：屍體與疾病的關連，

批評者抨擊他知其然，不知其所以然，但他相信只要能救命就夠了，可惜不是。如果他不要認為這些排斥完全針對他個人而來，深入探求真相來反擊，第一個發現細菌的人就是塞麥爾維斯，而不是巴斯德了，而且他的貢獻將不限於某段時間的某個地方，可能從此拯救世界各地無數的生命。

失敗也是被拒絕的一種形式，最好是私下發生。最偉大的創造者，也是自己最主要的批評者，他們看待手上的創作比任何人都深入，而且更嚴格地加以檢驗。在還沒有人看到之前，他們退回自己大部分的作品，有些是局部（如史蒂芬·金丟掉三分之二的文字），有些是全部（如戴森否決另一個產品原型），一次又一次。世界已經準備好拒絕你，不需要再給他人不必要的理由，寧可私下失敗，也不要公開失敗。私下失敗比較迅速，成本較低，也比較不痛苦。

我們的天性幫不上忙，除了不確定帶來不適，促使我們想盡快找到解方之外，還有另一個問題是驕傲。驕傲和與之相應的羞恥，讓我們恐懼失敗，痛恨被排斥。自負讓我們不想聽到 NO。我們總想第一次就做對，迅速致富，轉眼就能功成名就。創造力迷思——源自天才、「啊哈！時刻」，以及其他魔法的說詞，吸引某些人幻想無需努力就能成功，不用流汗即可收成，不會犯錯。這些都是不可能的。不要帶著驕傲做事，要做事去贏得驕傲。

觀察人在真實的迷宮中迷路的反應——在偏遠的登山路徑、古徑交錯的平野，還有一旦失足就萬劫不復的某些地帶迷路的情況，可以作為借鏡。雖然只是比喻，然而不論我們是創造還是走路，都要一路跨出步伐，做出抉擇，才能抵達目的地。

　　希洛塔克（William Syrotuck）分析了兩百二十九個迷路的個案，其中有二十五人死亡。[64] 他發現，大部分的人迷路時的反應都一樣，首先，我們會否認走錯方向，接著逐漸意識到有麻煩時，仍然持續前進，希望好運帶領我們走出來。我們最不可能去做的事，其實最可能是對的：往回頭走。我們知道這條路是錯的，卻繼續走下去，是礙於面子，為了消除不確定，希望能抵達目標。驕傲驅使我們走下去，羞恥阻止我們救自己。

　　偉大的創造者知道，向前走最好的方法，常是向後退一步——審視，分析，評估，找出錯誤與瑕疵，挑戰，改變。如果你只會向前走，你無法逃出迷宮，有時候前方出口其實在背後。

　　排斥有教育意義，失敗是成功之母，兩者都讓人痛苦，只有分散心神讓人好過一些。而這三者之中，只有分心會導致毀滅。排斥與失敗能提供我們養分，但是浪費時間毫無益

處。決定我們能否成功成為創造者的關鍵，不在於多聰明，多有天分，或多努力，而是我們如何回應創造的逆境。

為什麼改變世界如此困難？因為世界並不想要改變。

CHAPTER 4

拿掉成見，當永遠的初學者

1 | 華倫看到的細菌

　　1979 年西澳大利亞的六月既溼又冷，六月十一日是最糟的一天，下了一英寸的豪雨，風雨打在窗上猶如擊鼓。珀斯城的一扇窗戶下，一位蓄著銀白鬍子，打著波洛領結的紳士，從顯微鏡下看到了一個即將改變世界的東西。

　　華倫（Robin Warren）是皇家珀斯醫院的病理學家，他在顯微鏡下看到了病人胃裡的細菌。自從有細菌學以來，科學家便知道細菌無法在胃中存活，胃是酸性的，所以應該無菌。而華倫看到的細菌形狀捲曲像可頌麵包，讓胃黏膜的凹凸表面變得平坦。華倫在放大倍率一百倍的顯微鏡頭下可以看到，但他的同事們卻看不見，於是華倫換成放大倍率一千倍的顯微鏡，有部分利用高能量電子顯微鏡來呈現，他們終於看到細菌，卻沒看到重點。只有華倫認為這項發現有特殊意義，雖然他還不清楚是什麼。

　　不像塞麥爾維斯，華倫沒有立即下結論，也沒跟雷夏特一樣，置可能的反對意見於不顧，更沒有讓排斥本能熄滅微弱的新創火苗。華倫比福克曼更安靜害羞，但他的反應——在實驗室裡獨排眾議，認為自已有重大發現的風格，非常的福克曼。他相信親眼所見，相信這很重要，而且不輕易被阻攔。當天他寫的切片報告如下：「（組織切片）含有大量細

菌，看起來正活躍地生長，並非污染。我不確定這些不尋常的發現有什麼意義，但值得進一步探究。」[1]

在第一次經歷以後，他看到細菌的次數更頻繁了，三個胃裡就會看到一個。胃裡沒有細菌的信條，主張細菌無法在內臟存活，而且從沒有人見到過。「過去顯然沒有相關報告，是我聽到胃裡不可能有細菌最主要的理由。」他說。

華倫蒐集這些「不可能存在」的細菌樣本足足兩年，直到找到一個相信他的人。

馬歇爾（Barry Marshall）是醫院新聘的腸胃科醫生，正需要一個研究計畫。和所有病理學家一樣，華倫並沒有看診，他用臨床醫生給他的樣本做研究，其中大部分是胃潰瘍和出血，這類樣本因為傷口周遭狀況會形成干擾，使細菌更難找到。馬歇爾同意提供華倫沒有潰瘍部位的切片，於是這兩人開始合作。

這一年內，華倫與馬歇爾研究了一百個乾淨的切片，他們發現，90％帶菌的病人都有潰瘍，而每一個罹患十二指腸潰瘍（發生在胃的下方、小腸最前段消化道的黏膜潰瘍）[2]的病人都帶有這種細菌。

這兩人嘗試在醫院實驗室培養細菌，不過沒有成功。他們花了六個月用活體樣本試驗，仍一無所獲。

　　1982 年的復活節，醫院遭到一種具抗藥性的超級細菌感染，實驗室忙翻了。華倫和馬歇爾的樣本被擱在一旁整整五天，通常實驗室人員兩天後就會丟棄樣本，細菌就在這多出來的三天裡長出來。原來，他們只是需要多一點時間。

　　這是一種全新的細菌，後來被命名為幽門螺旋桿菌[3]。1984 年，華倫與馬歇爾將他們的發現寫信給《刺胳針》（*Lancet*），全世界影響力最大的醫學期刊。[4]他們的結論是，這種細菌「應該是新型細菌，存在幾乎所有慢性胃炎、十二指腸潰瘍或胃潰瘍的病患身上，因此可能是這些疾病的主要致病因素之一。」[5]

　　《刺胳針》的編輯孟羅（Ian Munro）找不到任何認同這項發現的審核人。細菌無法在胃裡生存，在當時是普遍的看法，這個結果一定是錯的。幸運的是——對華倫和馬歇爾而言，對我們所有的人也是，孟羅可不是什麼普通的期刊編輯，他還是個思想前衛的人，同時鼓吹人權、禁用核武，以及弱勢醫療。[6]於是，科學界一個不尋常且影響重大的時刻降臨了，孟羅不顧諸多審核人的反對，刊登了這封信，甚至寫上一段附註：「如果兩位作者的假設可以證實為真，則這

項研究確實十分重要。」[7]

　　華倫與馬歇爾持續證明幽門螺旋桿菌是造成潰瘍的主因。後人以這項研究為基礎，找到用抗生素殺死幽門螺旋桿菌來治療潰瘍的方法。2004 年，華倫與馬歇爾以「發現幽門螺旋桿菌，以及對胃部和消化性潰瘍疾病的貢獻」獲得諾貝爾獎。現在我們已經知道胃裡有上百種細菌，而且在維護消化系統穩定方面扮演了重要角色。[8]

　　但這個故事有一個奇怪的地方。

　　華倫在那個寒冷潮濕的星期一所看到的，並不是從來沒人看過的東西。想反的，應該每個病理學家都看過。別人沒做、只有他一人做到的，就是相信自己的眼睛。

　　在 1979 年，華倫已經花費 17 年精熟病理這門複雜的科學——仔細保存與檢驗人體組織，特別是在胃部切片的分析。1970 年代軟式內視鏡的發明—— 一條配有燈、攝影機和剪刀的管子，讓醫生可以從病人喉嚨放進胃部，取出一點組織，胃切片成尋常的檢查。在此之前，大多數的樣本要不是從整個被摘除的胃，就是從屍體上取下來的，這樣的做法難以進行科學檢測，當準備好樣本供分析時，相關資訊已經遺失。不良的樣本，造成醫生和科學家認定胃裡沒有細菌。

華倫指出，「這件事被視為如此理所當然，毋庸贅言。」但他的切片顯示的完全不是這麼回事。

「隨著我對醫學及病理知識的增長，我發現『已知事實』常有例外。」[9]他還說，「相對於教科書和醫學團體，我傾向相信自己的眼睛。」[10]

他說得很簡單，然而，在軟式內視鏡已經普及之後，數千名病理學家都在看胃切片，同時也與幽門螺旋桿菌打過照面，但他們只看到古老的信條，沒看到細菌。

1979年6月，華倫第一次注意到幽門螺旋桿菌的那個月，一群美國科學家發表了一篇論文，主題是一項研究計畫的受試者之間胃病的盛行。[11]自願參加研究的人員剛開始都很健康，後來有半數開始胃痛，伴隨著胃酸減少，顯然可以肯是傳染性疾病。科學家檢驗了病患的血液和胃液，尋找是否有病毒──因為他們都相信細菌無法在胃裡生長，結果找不到。他們下的結論是：「我們無法分離出一個感染媒介，也無法找到病毒或細菌的致病因素。」

他們都不是菜鳥，而且由一位知名的醫學教授[12]領導，同時也是權威腸胃醫學期刊《Gastroenterology》的編輯。在華倫與馬歇爾發表研究結果之後，這群科學家重新看過他們

的切片，這回幽門螺旋桿菌清晰可見。[13] 他們曾經看過，卻沒看到。這些病患已經深受這種細菌急性感染之苦。其中一名科學家曾說，「沒能發現幽門螺旋桿菌是我最大的失誤。」[14]

1967 年，哈佛醫學院教授伊藤（Susumo Ito）拿自己的胃部切片，利用電子顯微鏡拍到完美的幽門螺旋桿菌影像，這張照片出現在當年美國生理學學會的生理學手冊，標示為「螺旋菌」，但沒有進一步的評論或嘗試辨認的企圖。[15] 成千上萬的科學家都看過這張照片，但全都視若無睹。

1940 年，哈佛研究員富利伯格（Stone Freeberg）在超過三分之一的潰瘍病人胃部發現幽門螺旋桿菌，但他的上司告訴他是錯的，並要他停止這項研究。[16]

只有華倫相信，而且沒被挫折擊退，他孤單守候著幽門螺旋桿菌兩年，直到馬歇爾出現。

我們現在知道，幽門螺旋桿菌的記錄早在 1875 年就出現在醫療文獻中 [17]，在華倫看到它之前，幽門螺旋桿菌早已現身，卻被拒絕相信了一百零四年。

2 ｜ 相見不相識

幽門螺旋桿菌在眾人的眼底被埋沒超過一個世紀之久，這個現象稱為「注意力盲視」[18]，這個名詞由心理學家邁克（Arien Mack）及洛克（Irvin Rock）提出，但小說家亞當斯（Douglas Adams）詮釋得最好：

> 有些事情我們看不見，或沒看見，或我們的腦袋不讓我們看見，因為我們認為那是別人的問題，大腦自動將它排除，就像一個盲點。當你直視著它，除非你明確了解這是什麼，否則你還是看不見。人們天生傾向不去看見任何他們不想，或不期待看到，或無法解釋的事物。[19]

亞當斯把這個定義寫進書《生命、宇宙及萬事萬物》（*Life, the Universe and Everything*）裡的一個場景，一架外星人飛碟降落在一場進行中的曲棍球比賽，故事情節很卡通，但概念是真實的：大腦是感官的祕密審查員，在感知與思考之間，有一些我們未曾留意的步驟。

從眼睛到大腦的路徑有一段距離。眼睛各有兩條視神經，各自為左腦和右腦工作，視覺訊號傳遞路線相當遙遠，從眼睛一直到大腦底部最外層的大腦皮質區。[20] 摸摸你的後腦勺，你的手正好在大腦與眼睛相連的部位。大腦皮質將眼

睛所見以十的倍數進行壓縮，再把資料傳送給大腦中央的紋狀體，資料在這裡以三百的倍數再壓縮一遍，接著送往下一站，紋狀體的核心──基底核。這裡我們才會發現眼睛看到什麼，並決定如何處理。視網膜接收到的資訊，只有三千分之一能到達這麼遠。大腦會加上既有的理解，以及對事物的推測來篩選訊息，刪除不重要和重複的部分，決定我們看到及看不到什麼。這個前置處理功能十分強大，大腦增添的部分感覺很真實，刪減的部分也彷彿不曾存在。

因為這個緣故，開車時講電話是不好的。[21] 以相同的時間，盯著相同的事物，講電話會讓進入大腦的訊息量減半。大腦會排除大部分它判定不重要的訊息，行車的重要資訊，可能會因為大腦專注處理通話資訊，被認為不重要而遭到排除。聽收音機並不會造成這種情況，因為聽收音機不需要回應。跟車上乘客談話，因為同在一個空間，也不會有問題。然而研究顯示，我們講電話時會出現注意力盲視。對話是我們正在處理的問題，如果前方突然跑出一個穿越馬路的小孩，那是別人的問題，我們的大腦讓我們看不到他。如同亞當斯描述的，當不尋常的事物出現，大腦會讓心智變得盲目。

我們走路時也有相同的情況。研究人員讓一名小丑騎著單輪車上人行道，然後問經過的路人有沒有注意到什麼特別狀況。[22] 除了正在講手機的人，每個人都看到了，講手機的

人，四個裡就有三個說沒看到，他們會驚訝地回頭，無法相信自己居然完全沒注意到。雖然他們的眼光都曾經落在小丑身上，卻沒有意識到他的存在。這名單輪車小丑經過他們行走的路徑，卻沒有通過他們的心智路徑。

哈佛研究員卓（Trafton Drew）和伍爾夫（Jeremy Wolfe），與一群放射科醫生一起進行了一個類似的研究，他們在肺部 X 光片裡加進一張猩猩的照片。[23] 肺部 X 光片看起來就像一碗味增湯的黑白照片，放射專家掃視這些片子時，會看到一套肺部切面影像。卓與伍爾夫在一些片子的右上角放了一個人穿著猩猩服的照片，面朝上懸浮著。放射專家們可以看出肺裡可能有癌症的微小結節，卻幾乎沒有人看到猩猩，即使這隻猩猩正朝著他們揮舞拳頭，而且體積有火柴盒那麼大。沒看到猩猩的放射專家在這團影像上大概只停留了半秒鐘。

注意力盲視不只是實驗效果。2004 年，有一名三十四歲婦女因為暈倒和其他症狀被送到急診室。醫生懷疑是心臟和肺臟出問題，所以用一條導引鋼繩穿過大腿進入胸腔，然後在她的體內放入一根導管，醫生後來忘記移除鋼繩，過了五天都沒有人發現。這名婦女一直住在加護病房，為了讓她的狀況穩定下來，共照過三次 X 光、一次電腦斷層掃描，至少一打的醫生看過這些片子，但她胸腔裡的鋼繩——幸好沒

有讓病情惡化，很明顯的每張片子上都有，但都沒有人注意到。[24]

3 ｜ 明顯的事實

華倫在領取諾貝爾獎時，引述了福爾摩斯的話：「沒有什麼比明顯的事實更能使人上當。」[25]

「細菌無法在胃裡生存」是明顯的事實，急診室醫生一定會記得拿掉鋼繩，是明顯的事實，肺部影像不會有猩猩，也是明顯的事實。

放射科醫生是觀察的專家，經過長年的訓練與練習，我們看不清楚的，他們看卻清晰可辨。他們轉一下眼球，五分之一秒看一張 X 光片，就可以診斷疾病。[26] 如果是你我要看一張肺部 X 光片，我們會細看整個影像，尋找不尋常之處，新進放射科醫生也是這麼做。然而，當他們被訓練得越來越熟練，眼睛轉動的次數就越來越少，最後只需要對幾個地方看個幾眼，就可以找到他們需要的資訊。

這種情況稱為「選擇性注意」，是專業素養的特徵。「專家」（expert）與「經驗」（experience）有相同的拉丁字根。

作家赫胥黎（Aldous Huxley）在他 1932 年的著作《正題與托辭》（*Texts and Pretexts*）裡表示：「經驗關乎感覺與本能，在於看到和聽到有意義的事情，在於恰當的時刻灌注心神，以及了解與協調。」

西洋棋大師，本身也是心理學家的狄古特（Adriaan De Groot）研究專業素養，他將一盤棋局展示給不同等級的棋手看，包括西洋棋特級大師和世界冠軍，並請他們在思索下一步棋時，一面說出他們的想法。[27]狄古特原本懷抱著兩個期待，第一，越厲害的棋手下得越好；第二，越厲害的棋手計算棋步越多。結果卻讓他大感驚訝。

他注意到的第一件事情是，下棋的問題解決路徑，和大學生解開蠟燭難題、蘋果電腦設計 iPhone，以及懷特兄弟發明飛機，如出一轍。

專業棋手第一個步驟是評估問題。一位大師是這麼開始的：「困難，這是我的第一印象。第二是再幾步，我恐怕會輸得很慘，不過滿有趣的。」

第二個步驟是思考下一步棋怎麼走：「我有很多步法可以走，讓城堡進去，吃掉士兵。」

每下一步棋都做評估：「不行，太一廂情願，不太值得，不好，也許不要太冒進。」

狄古特有幾個發現。第一，不熟悉的問題可以用容易描述、緩慢的步驟來解決。第二，每個人對一些答案會反覆思考和評估，並非舉棋不定，而是每次評估都更加深入。

而讓狄古特驚訝的是，不同程度的棋手在問題解決路徑的差異。他以為特級大師下的步法最好，這點並沒有錯，但他原本認為這是因為他們會做較多的分析，但事實正好相反。相較之下，這些特級大師預先設想的棋步較少，反覆斟酌的次數也較少。一位特級大師下一步棋只評估兩次，接著思考另一步，然後就出手，結果通常也是最好的一步。儘管評估與移動棋子的次數都比較少，五位特級大師中，有四人得出最佳棋步，除外的那一位會下次佳棋步，特級大師們都不會考慮最佳五步之外的走法。等級較低的棋手選擇的棋則落在第二十二步。棋藝較遜色的棋手考慮得越多，評估得越多，實際的步法越不理想。

思考越少，解答越好；想得越多，結果越糟。這難道是天才與頓悟作祟？西洋棋特級大師們是用靈感在下棋嗎？

非也，狄古特仔細聽特級大師們的思考步驟時，注意到

一些特別的事，以下是一名特級大師的典型說法：

「第一印象：一個孤立的士兵；白棋有較多自由移動的空間。」

而低一階的大師棋手面對相同的棋局，是這麼說的：

「我第一個注意到黑王側翼的弱點，尤其在 KB6 的缺口。縱觀全局之後，中間地帶的情勢也相當複雜，可能需要易位來保住 K7 上孤立無援的主教。然後，QN2 的士兵仍然陷於險境。」

意思是棋子有被吃掉的危險，意同於特級大師提出的「孤立的士兵」。我們不需要懂西洋棋，就可以看出特級大師當機立斷，而大師還需要多想一下。狄古特推測，特級大師說出口的，實際上只是他觀察到的冰山一角，最關鍵的部分並沒有掀開。

專家並沒有想得比較少，而是比較有效率，他們的大腦已習慣在心智察覺之前，就快速刪除不好的答案。

狄古特又做了另一個實驗。他給幾位棋手五秒鐘看一個棋譜，然後要求他們重新擺好棋盤，並想出下一步棋，包括

一位特級大師尤維（Max Euwe，世界冠軍）、一位大師（狄古特本人，由妻子操作實驗）、一位專家等級的棋手，以及一位一般等級的棋手。特級大師尤維輕而易舉地重建棋譜，狄古特幾乎所有棋子都擺對了，但他認為妻子擺錯了一只棋子，還發生爭執：「確定 KB2 是黑王嗎？那實在很奇怪！」專家等級的棋手只記得四分之三的棋譜；而一般棋手連一半都不到。

特級大師尤維是天才嗎？還是他有過目不忘的本領？答案以上皆非。狄古特要求尤維再擺一次，結果如狄古特所料，他使用快速的精密思考：

「第一印象，情勢極度嚴峻，白方猛烈攻擊。我看到的棋子順序是國王在 K1、騎士在 Q2、白皇后在 QB3、皇后在 K2、士兵在 K3、對方士兵在 K4、白城堡在 Q8、白騎士在 QN4、城堡在 QN5 ——那個可笑的城堡沒什麼用、騎士在 KB2、主教在 KB1、城堡在 KR1、士兵在 KR2 與 KN3，我沒有放太多注意在另一面，但我想 QR2 有另一個士兵。剩餘的白棋，KN8 的國王、KB8 的城堡，還在 KB7、KN7、KR7、QN7 的士兵。」

在觀看棋譜的五秒鐘裡，尤維已經區分出棋子的優先順序，掌握棋局的邏輯，並開始斟酌他的棋步。他把一般性思

考運用得飛快,速度來自經驗,使他能抓出不同棋局的共同點,找出棋子間的關連性。他並不是記住棋子的位置,他是用推論的。例如,狄古特覺得擺錯的棋子,他用推論的方法毫不猶豫地重建:「還有一只棋子在KB2,國王完全被堵死,所以那裡一定是騎士。」

這盤棋局並讓他想起另一場比賽:「我腦海裡還有一場法因(Fine)和府洛(Flohr)對弈的模糊記憶。」他看到兩者的共同點,讓他對這類情境產生一種熟悉感。經驗讓他幾乎立即找到答案。

特級大師不是生來就是特級大師,當他們還是大師時,也一樣反覆斟酌評估如何出手。他們在專家等級時,評估的棋步更多,斟酌的時間更長。正因為他們已經盤算過這麼多棋步,累計這麼多經驗,才能在晉級特級大師時,看似省時省力。專家的第一印象根本不是第一印象,而是經過百萬次之後的最後一次印象。

創造即思考,注意力則是針對我們思考的事情。我們的經驗越多,需要的思考就越少,不論是下棋、放射學、繪畫、科學或任何事物。熟練帶來效率,專家的問題解決路徑比較短,因為他們不會去考慮不可能的答案。

可以說，「選擇性注意」是「明顯的事實」的一體兩面。華倫與福爾摩斯提醒我們，明顯的事實會騙人。因為選擇性注意，我們只看到顯而易見的事。學有專精很重要，但卻會妨礙我們看見不在預期之內的事物。

成為專家是培養創造力的第一步，至於第二步，我們接下來的發現，將讓你既驚訝又迷惑，甚至害怕——就是當一個初學者。

4 ｜ 初心

1960 年，十二名年長的日裔美國人在舊金山國際機場閘門口等待。[28] 距離日本海軍攻擊珍珠港太平洋艦隊已經十九年，攻擊過後，這些日籍人士被囚禁在加州聖布魯諾馬場的農舍裡。[29] 三年後，美國政府釋放他們，給了每人二十五美元和一張火車票，然後在日本投擲了原子彈。他們是舊金山曹洞宗桑港寺的信眾，桑港寺是戰爭爆發前，日本人在金門大橋附近的廢棄猶太教堂原址所蓋的禪宗寺廟。[30] 這群信徒被囚禁期間，仍繼續償付貸款，此刻他們正迎接新任住持的到來。

太陽升起，一架從東京起飛的銀白色日航班機，在檀香

山落地加油後，完成二十小時飛行抵達舊金山，乘客從側面機翼旁的艙門階梯魚貫而下，只有一名旅客看起來依舊精神抖擻，一個穿著僧袍，布鞋的瘦小男子——新任住持鈴木俊隆。[31]

鈴木在 1960 年代初期抵達美國，經歷戰火洗禮的孩童業已成年，對日本人的敵意逐漸轉為好奇，舊金山的年輕人開始來到桑港寺，想了解什麼是禪。鈴木每次的回答都一樣：「我在清晨五點四十五分打坐，請跟我一起來。」[32]

他的邀請是指靜坐冥想，日語稱為坐禪，梵文是dbyana。在印度與東亞，靜坐冥想有數千年歷史[33]，然而當時美國仍少為人知，少數曾經嘗試的美國人通常是坐在椅子上練習。鈴木讓他的學生坐在地板上，雙腿盤起，背挺直，眼睛半開半闔[34]，如果讓他懷疑在打瞌睡，他會用一支叫「香板」[35]的棍子給他們當頭棒喝。

這門課在 60 年代日益興盛，1970 年，鈴木的美國學生把他的修行之道出版成書，次年，差不多是來美國的十年多一點，鈴木過世了。這本書《禪者的初心》（*Zen Mind, Beginner's Mind*）小小一冊，語調謙遜，內容發人深省，一如鈴木禪師其人。這是佛教在美國的先聲，至今仍在發行。[36]

「初心」是鈴木講道的精髓。他言簡意賅地說：「初學者的心蘊藏許多的可能性，是老練的心所缺少的。」

禪學裡，一個簡單的字往往寓意深遠。初心並不單純指初學者的心，而是大師之心，是超越知識、經驗與盲點的注意力，可以洞察一切，毫無成見。初心並不神祕，也非超自然，相反的再實際不過。初心就是，當艾德蒙看著一朵花，萊特兄弟看著一隻鳥，康定斯基看著一張帆布，賈伯斯看著一支電話，福克曼看著一顆腫瘤，華倫看著一個細菌。初心是明心見性，看見事物的原貌。

先崎如幻是美國的第一代禪宗和尚，他用一個小故事詮釋何謂初心：

日本禪師南英接待一位前來問禪的大學教授。
南英沏茶款待來客，他將客人的杯子斟滿茶，還繼續倒。
這位教授看著茶水滿溢出來，忍不住說，「茶水滿出來了，別再加了。」
「就像這杯茶，」南英說，「心中若充滿一己之見，不先把杯中之水清空，我又如何為您說禪呢？」[37]

美國作家華萊士（David Foster Wallace）用一則笑話傳

達了相同的觀點：

> 兩條年輕的魚一起游著，對面游來一條年長的魚，年長的魚對他倆點頭招呼，「早安，孩子們，今天的水好嗎？」兩條魚繼續游了一陣子，終於其中一條看著對方說：「水是什麼玩意兒？」[38]

創造需要運用注意力，看到新的問題，留意他人沒留意的事物，找出盲點。回頭來看，如果一個發現或發明，感覺是如此明確，似乎一直攤開在我們眼前，那麼我們很可能是對的。「我怎麼沒想到？」這個問題的答案，便是「初心」。

或者如鈴木所寫的《禪者的初心》：「這門學問的祕訣，就在於永遠當一個初學者。」

接納意外的驚奇，不要預設立場。

5 ｜覆顛典範

當鈴木俊隆在桑港寺傳授東方哲學，美國哲學家孔恩（Thomas Kuhn）正在舊金山灣另一側的柏克萊教授西方哲學。孔恩剛從一個重大打擊中振作起來，他耗費了十六年

在哈佛大學得到三個物理學位，成為哈佛大學院士學會的成員，不料卻沒有獲聘終身教授職位，於是來到加州重起爐灶。[39]

　　孔恩的問題出在他的三心二意，他拿的學位是物理學，然而在攻讀博士時，開始對哲學產生興趣，一個他有熱情、但沒有相關訓練的領域。同時他還在大學部開了一門科學史。他不算是科學家、哲學家或歷史學家，而是三者的古怪混合體。哈佛大學不知道他該如何歸類，而孔恩也很快發現，聘他擔任哲學教授的加州大學也搞不清楚，於是孔恩將歷史也納入職業版圖裡。很明顯的，他不再是科學家，至於其他部分則是一團迷霧。

　　孔恩轉換跑道起源於一個夏天的午後[40]，他第一次讀到亞里斯多德的《物理學》（*Physics*）。傳統看法是，這本書為日後的物理學發展奠定基礎[41]，但孔恩看不出來。舉例而言，亞里斯多德說：

　　　所有運動中的物體都是自動或受外力而動。在自動的情
　　　形下，移動的物體與其運動顯然是同時發生：物體第一
　　　原動力量來自自身，其間沒有外力介入。其他物體的運
　　　動必然來自四種形態的外力：拉、推、搬運、旋轉。所
　　　有形式的運動都可歸因於以上。[42]

這不是牛頓運動定律的不精確版或不完整版，根本與牛頓運動定律扯不上邊。孔恩讀得越多，越覺得古老科學與後來的科學無關。他得出結論，科學不是連貫的發展，是另一回事。[43]

　　因此，孔恩開始想，我們該怎麼看待這些古老的理論？如果它們不是科學，那麼服膺這些理論的人算不算科學家？牛頓的物理學說遭到愛因斯坦的物理學說取代後，是否也不再科學？如果不用前人的成果作基礎逐步累積，科學如何從一套理論轉移到另外一套？

　　1962 年，經過十五年的研究，孔恩得到答案。他寫成一本書，名為《科學革命的結構》（*The Structure of Scientific Revolution*）。他提出科學的進展是一連串的革命，而每一次都是整個思潮的翻轉，他將這些思潮稱為「典範」（paradigm）。每個典範風行一時，科學家努力證明典範的假設為真，但最後總是出現例外。起初科學家將這些例外視為尚待解決的問題，隨著越來越多例外被發掘，問題更形重要時，典範便發生危機。危機會持續到一個新的典範興起，將之取代為止，如此不斷循環。孔恩的觀點是，新的典範並不是舊典範的改良版，新典範整個顛覆舊典範，所以我們不可能從現代觀點來了解像亞里斯多德這樣的科學家，他們的理論體系早已被許多科學變革所推翻。

雖然討論的主題很抽象，孔恩的書已經賣出超過一百萬冊，而且是全世界被引用最多的著作之一。[44]科普作家格雷克（James Gleick）讚美它是「20世紀中期以來最具影響力的哲學著作」。[45]

典範是選擇性注意的一種表現。孔恩指出的每一場「科學革命」，代表科學家所見所思的改變。孔恩是這麼說的：「革命的過程中，科學家在過往熟悉的領域及工具上，看到嶄新和不同的事物。變革前舊世界裡所定義的鴨子，後來變成了兔子。」[46]

華倫「發現」幽門螺旋桿菌，在孔恩的書出版之後，這個例子可以說是科學家只看自己想看，而非真相的最佳證明。華倫之後，科學家重新檢視他們曾經看過的影像，才驚訝地發現過去居然都視而不見。是他們的專業素養——孔恩所謂的典範：信仰體系、經驗與成見，遮蔽了他們的雙眼。

6 ｜眼與腦的界限

看與看到是不同的事。因為了解而改變我們對事物的看法，與看到事情而改變我們的認知，同樣在發生，這不是繞口令，也不是故弄玄虛，而是實情如此。講手機的人看不到

騎單輪車的小丑，放射專家看不到猩猩，幾世代的科學家看不到幽門螺旋桿菌，並不是因為大腦在捉弄我們，而是我們的心智本身就是一場騙局。感官和感知能力的進化，讓物種得以了解世界，生存繁衍。當人類越來越有自覺和創造力，我們會希望懂得更多，很快地，人類已經能夠滿足生存繁衍的需求，於是我們相信，我們生活在一個恆定、客觀的世界裡，我們的感知與心智能夠充分、正確地回應世界。

我們相信自己所見皆為「真實」，如此才能夠維持清晰的意識和足夠的安全感繼續生活。可是這並不是事實，如果我們想要了解世界，並且有能力改變，就必須知道，人的感官無法洞察事情的全貌。美國天文學家泰森（Neil deGrasse Tyson）2006 年在沙克研究所的演講中提到：

> 人類的雙眼備受讚頌，但任何人如果曾經看過全範圍的電磁波譜，就會知道我們有多麼盲目。我們看不見磁場、游離輻射或氦氣，聞不到或嘗不出一氧化碳、二氧化碳或甲烷，而我們吸入這些氣體就會死亡。[47]

我們知道這些事物確實存在，因為我們已經發明測量的工具。然而，無論我們使用感官或感測器，或兩者併用，我們的認知永遠只局限於測量的結果，或理解的方式。第一個限制很明顯，例如我們都知道，眼睛沒有光線就看不見，不

過對於第二個限制——理解力，一般並不了解。眼睛與大腦之間存在著界限，不是每件事都能順利跨越。

創造意味著打破界限，重塑我們的認知，留意過去不曾留意的事，不一定是重大或不尋常的事情。華萊士的魚笑話是為了引出一件平凡瑣事的開場白：

> 下班後你開車到超級市場，市場裡擠滿了人、醜陋的燈光和難聽的音樂，恰好是你最不想停留的地方。這些擋在前頭的人是誰啊？看看他們多討人厭，愚蠢、臃腫、目光呆滯，沒個人樣，還有這些拿著手機大聲說話的傢伙真是聒噪粗魯。你看這些想法多麼偏差和不公平，但這樣的念頭是自動設定的機制，當我陷入枯燥、沮喪、擁擠的生活情境時，自然浮現的反應。

> 其實，看待這些情境可以有全然不同的方式，你可以選擇不同的視角，觀察這名肥胖、眼神呆滯、塗著過重粉底、正在叱喝結帳隊伍裡的小孩的婦女。或許她平常不是這樣，或許她已經三個晚上沒睡，為了照顧罹患骨癌的丈夫。如果你真的學會如何留意周遭事物，你確實有能力將一個擁擠、悲慘的情境，轉化為不僅有意義，甚至莊嚴神聖的經驗。你必須有意識地決定哪些事情有意義，哪些沒有。[48]

當我們改變事物的意義，我們會擁有不同的觀點。華萊士為如何看待超商結帳的排隊人潮，提出一個替代範例。這名婦女的存在沒有改變，但他對她的看法全然不同。第二個解釋——罹患骨癌的丈夫——純屬猜測，而且很能是錯的，但不會比第一個離譜到哪裡去。更接近事實的是，很少人天性是尖酸刻薄的，但是每個人在勞累了一天之後，會讓我們顯得對陌生人特別苛刻。華萊士將選擇性注意轉移到另一個角度，他會這麼做，是因為了解看待事情的「自動設定」機制，並不是唯一、不能改變的方式，而是一個選擇。選擇用不同的眼光看待平凡瑣事，「不僅有意義，甚至莊嚴神聖」，造就他成為當代的偉大作家。

初心與專業素養看似互相對立，實則不然。我們受西方哲學制約，總是以二分法看事情，黑與白、左與右、善與惡、陰與陽[49]、新手與老手，所謂「二元論」典範。事實上，我們不需要這樣看，我們可以把世間事物看成是相關的，而不是對立的。初心與專業素養是相關的，而非相對，因為最棒的專家能覺察自己被典範所局限，也了解這些局限是如何發生。舉例來說，科學裡的一些局限，是可用的工具和技術有限所致。華倫累積足夠的病理學專業，因此他知道胃部沒有細菌的信條，是軟式內視鏡問世前的說法，可能是缺乏技術造成的錯誤假設。福克曼則了解當時醫界對腫瘤的觀點，是從樣本，而非臨床手術得來。萊特兄弟知道用來計算機翼大

小與升力關係的史密頓系數，是在 18 世紀時提出，有可能是錯誤的。對於專業素養最大的考驗，是你對已知的了解有多透徹。

這世上沒有真正的初學者，我們一出生就開始建構典範，有些經過傳承，有些透過教導，有些自己推斷。當我們剛開始創造時，我們已經像華萊士的魚，在世俗成見之海泅泳而毫不自覺。專業素養的最後一道關卡，正是初心的第一步——了解自己的成見和形成的原因，以及何時不再固執己見。

7 ｜火星上的巫師

即使能見人所未見，還是有問題。我們怎麼知道自己是對的？必要的自信與危險的武斷——發現和妄想之間的分際，究竟是什麼？

1894 年夏天，美國天文學家羅威爾（Percival Lowell）第一次從他新建的天文台上的望遠鏡看出去，他早先已經宣布，將展開「其他星球生命跡象的探究」，因為他「有強烈的理由相信，我們已經在發現明確事證的前夕。」[50] 羅威爾望著火星南極的冰川在夏天的高溫裡溶解，也有其他天文學

家看到馬提安沙漠上布滿許多直線。當南極冰川溶解，這些線條的顏色會變化，南端的顏色比較淺，北端比較深。在羅威爾看來，可能的原因只有一個，這些線條是人造運河──「火星上驚人的藍色網路，暗示我們的地球以外，確實有生物存在。」

羅威爾為長達一個世紀的外星人入侵科幻小說提供了靈感[51]，許多場景都符合羅威爾的敘述，例如，巴勒斯（Edgar Rice Burroughs）所寫的《異星戰場》（*Under the Moons of Mars*）這樣描述：「人們發現他們必須沿著潮水退去的方向前進，直到最終的救贖出現，即馬提安運河。」

科學家依然存疑，一名羅威爾的反對者華勒斯（Alfred Wallace）[52]，以研究演化聞名。他沒有質疑羅威爾畫的火星地表圖，羅威爾的天文台是世界級的，華勒斯沒理由懷疑羅威爾看到的東西，但是他提出一連串邏輯上的錯誤來攻擊羅威爾的結論，包括：

這個遍布整個星球的灌溉系統，缺乏足夠的供水，建造規模如此龐大運河是極端不理性的做法，因蒸發而浪費掉的水量，是可能供應量的十倍。在這個偉大的運河系統規畫和建造完成之前，馬提安人如何存活？為什麼他們不先利用和耕耘與極地冰雪相毗鄰的土地？實際上，

要將少量的水運送如此遙遠的距離，最聰明而實際的做法，是在地底下鋪設不透水、也不透氣的管子。此外，只有人口稠密，擁有豐富的生存手段，才可能建造如此巨大的工程——如果這些運河有任何作用的話。[53]

這些爭論終於有了答案。1965 年，美國太空總署的水手 4 號（Mariner 4）太空船拍攝了火星的照片，華勒斯的主張勝出。依據這趟任務的攝影工程師描述；「火星表面如同月球，有許多深坑洞，常年不變，沒有水，沒有運河，也沒有生命跡象。」[54]

然而，有個謎團未解。每次有天文學家說沒看到火星上有運河，羅威爾總會辯稱，他的天文台比較好。這倒是真的，羅威爾在世時，很少人有機會進入他的私人觀測站，在他過世之後，天文學家終於能用他的望遠鏡觀測火星。結果還是一樣，沒有人看到運河。到底羅威爾看到的是什麼？

答案原來是他自己的眼睛。羅威爾並不是經驗豐富的天文學家，他錯把望遠鏡的光圈做得太小，結果成了檢眼鏡——醫生用來把光線投入病人眼睛，檢查眼球內部的手持裝置。羅威爾視網膜上的血管，倒映在望遠鏡的接目鏡上，他的馬提安運河圖實際上是每個人眼球背面都有的樹枝狀血管倒影。他在金星上看到的輪狀物、水星上的裂紋、木星月球

上的溝槽，以及土星上的石山[55]，通通都是眼睛血管的倒影。

羅威爾看到的是自己腦海中的投射，沒有一部望遠鏡比觀測者自身的偏見更具威力。我們會看到想看到、但根本不存在的事物，就像我們會故意忽視不想看、卻真實存在的東西。

相由心生，與注意力盲視有異曲同工之處。當我們眼中充滿先入之見，初心便失落了。羅威爾的錯誤本來是可以避免的，他的助理道格拉斯（A.E. Douglass）在羅威爾啟用他的望遠鏡不久前，曾指出光圈太小可能會有問題：「或許眼睛最主要的缺陷在於水晶體，某些狀況下，它會出現如蜘蛛網般的不規則圓形和放射性線條，當極小束的光線進入眼睛時，便可以看得見。」[56]

道格拉斯針對這個假設做了測試，他在距離觀測台一英里遠的地方放置一些白色的球體，他透過望遠鏡看這些球體，看到了和羅威爾的火星地圖相同的線條。而羅威爾的反應，是以不忠誠的理由開除了道格拉斯——之後沒多久他便成為傑出的天文學家。

如果我們一步一步地走，要改變方向很容易，但是當我們大步跳躍時便很難做到。當羅威爾說，即將證明火星上有

生命，他跳了一大步。他執著於運河，而非事實。華倫說胃裡有細菌時，也是跳躍了一大步，但是他在實驗報告裡謙遜地記下：「我不確定這些不尋常的發現有什麼意義，但值得進一步探究。」[57]之後他多走了好幾步，最終得到諾貝爾獎。

華倫不缺自信，好比說，同事們認為這些細菌不重要，但沒能阻止他；然而，有個特質他沒有，羅威爾又太過頭——武斷。

<u>自信是相信自己，武斷則是對自己的想法深信不疑。如果自信是橋樑，武斷便是路障。</u>

武斷比幻想更容易發生。我們的大腦充滿電化學訊號，絕對正確的感覺和其他的感覺一樣，是來自大腦電化學的活動。化學與電刺激能讓我們產生確定感。氯胺酮、苯環利定和甲基苯丙胺等迷幻劑，讓我們得到確定感，就像用電流刺激腦內的內嗅皮質——距離鼻子後端幾英寸的地方[58]。

錯誤的確定感在日常生活中經常發生。有一個研究記憶的計畫，認知心理學家奈瑟（Ulric Neisser）與哈爾許（Nicole Harsch）便針對錯誤的確定感進行測試，他們詢問學生第一次聽說挑戰者號（Challenger）太空梭爆炸的情景。[59]一名學生回答：「當時我正在上宗教課，有些人走進教室

開始談論這件事，我知道太空梭爆炸，其他細節並不清楚，同一堂課的學生也都在現場，我很難過。」

另一個答案是：「我與室友在大一宿舍裡看電視，忽然出現新聞快訊，我們兩人完全驚呆了。」

這兩個答案都是出自同一名學生。奈瑟與哈爾許在事件發生隔天第一次問這名學生，然後兩年後找到她，再問一次同樣的問題。她對第二個答案表示「絕對確定。」

參與這項挑戰者號研究的四十人，有十二人記得的每一件事都是錯的，大部分的人記憶也錯誤連篇。三十三人[60]很確定從來沒有被詢問過這個問題，而他們的確定感與答案的正確性也沒有關連。記錯，甚至被指出錯誤，我們還是會繼續確信無誤。

即使是無可否認的證據也一樣——事實上也沒有這種東西。當研究人員出示受試者在爆炸第二天親手寫下的答案，他們仍堅持相信當下的錯誤記憶。一個人回應說：「我還是覺得應該是另一個答案。」

一旦有了絕對確定的想法，就算壓倒性的證據就擺在眼前，我們仍然不為所動。1954 年，第一次有研究是針對這

種難以撼動的堅定信仰，靈媒瑪丁（Dorothy Martin）說外星人向她提出警告，世界將在 12 月 21 日毀滅，心理學家費斯廷格（Leon Festiger）、沙契爾（Stanley Schachter）、瑞肯（Henry Riecken）和一些人假裝信徒，混入她的追隨群眾，觀察萬一她的預言沒有成真，會發生什麼事。[61]

瑪丁做了相當詳細的預言，首先，一個名為「造物者」的外星人向她托夢，說 12 月 20 日午夜會有一個外星人來到地球，用飛碟把瑪丁和信徒救走。這群信眾做了許多準備，包括學習通關密語，拿掉褲子上的拉鏈，脫下胸罩等。費斯廷格、沙契爾和瑞肯合寫的書《當預言失靈》（*When Prophecy Fails*）描寫了外星人沒有現身的現場情況：

> 群眾開始回頭查看原先的信息：午夜時分，他們會被放入靜止的車輛，然後帶到飛碟上。很快有人試著重新詮釋，一名信徒指出這些信息是象徵性的，因為靜止的車輛並不會動，所以沒辦法帶走整群人。「造物者」緊接著宣稱，信息確實是象徵性的，不過所謂「靜止的車輛」指的是他們自己的身體，當天夜裡都來到現場。祂接著表示，飛碟象徵每個信徒都有的內在光明。群眾熱切地尋求任何可能的解釋，很多人真的接受了這個說法。[62]

外星人最重大的預言是世界末日，但是瑪丁在千鈞一髮

之際，收到外星人的新訊號：「拯救眾生於死神之詛咒。自地球存在以來，這空間從未像現在充滿善與光明的力量。」[63]

最後這群信徒拯救了世界！大洪水取消了，信眾紛紛打電話給報社宣布這個好消息，他們甚至沒想過瑪丁預言錯誤的可能性。

其中一名臥底心理學家費斯廷格，將確信與事實之間的差距名為「失調」（dissonance）。[64] 當我們的認知與信念相抵觸，我們可以改變信念以符合事實，或者改變事實以配合信念。

費斯廷格接著研究一般人的認知失調。他在一項實驗中，給自願參加者一個枯燥的任務，然後詢問他們的感想，每個人都說很無聊。儘管如此，他要受試者跟後續的自願者說任務很有趣，一旦他們這麼告訴別人之後，自己的記憶也跟著改變了，他們會「記得」這是個有趣的任務。他們會改變認知，以符合原本只是假裝相信的說法。[65]

我們一旦確信某件事，會需要周遭世界給予肯定，並與我們的想法維持一致。相由心生，以及視而不見，都是為了使生活與信念協調一致。費斯廷格在 1957 年的著作，《認

知失調理論》（*The Theory of Cognitive Dissonance*）中寫道：「當認知失調時，個人除了嘗試去降低它外，也會積極避免可能加重失調的情境和資訊。」[66]

了解失調的存在，無助於預防它的發生，我們可能對失調產生認知失調。瑪丁預言失敗，甚至相關研究發表之後，她的外星人溝通事業仍然維持了好一段時間。[67]瑪丁的一些信眾將心理學家的研究解釋成瑪丁感應能力的證明，例如，一名來自奧克拉荷馬州圖撒鎮的超自然探索者娜塔莉娜，在她的個人網站「非凡情報」上寫著：「心理學家斷定，如果人們對一件事的信仰夠強大，當信仰遭到考驗時，常常會做出反其道而行的事情。」[68]

我們如何判斷所見為真，不被失調的認知所朦騙——像華倫與福克曼，而非羅威爾與瑪丁？

方法很簡單，妄想使人舒暢，而真相令人神傷。如果你覺得很確定時，記得謹慎求證，或許你正受到武斷的遮蔽。

妄想的舒暢是武斷的產物。武斷是抄小路，回避疑問和難題，逃避我們可能犯錯的一種方式，是怯懦的表現——如果我們認定自己沒錯，何必面對質疑和詰難？爬上艾菲爾鐵塔就可以飛了。

自信是一個循環的過程，不是恆定的狀態，就像每天都要鍛鍊肌肉一樣，透過承受創新過程的波折考驗，不斷補充、強化的一種感受。武斷是鐵板一塊，自信則是來來去去，上下波動。

　　把武斷當敵人，與懷疑做朋友吧！當你可以改變想法，就可以改變任何事。

CHAPTER 5

巨人和天才一樣，都是迷思

1｜富蘭克林被偷走的發現

倫敦的猶太聯合墓園，冰雹打在一把把黑傘上，如同水晶眼淚。這天是 1958 年 4 月 17 日。隔海的布魯塞爾，世界博覽會正式揭幕，最吸引人的展品是一個等比例放大的病毒模型。做出這個模型的科學家，正躺在墓園的一具棺木裡，準備下葬，她的名字是羅莎琳·富蘭克林（Rosalind Franklin）。她在世博會開始的前一天因癌症過世，享年三十七歲，她畢生研究生命法則的運作。[1]

毒氣室、導向飛彈和原子彈，二次大戰簡直是殺戮工程發展的巔峰。戰爭結束後，科學家們探索新的高峰，物理學家薛丁格（Erwin Schrödinger）在都柏林的一系列講座「生命是什麼？」，引領了這個時代的風潮。[2] 他說物理定律奠基於熵：「物質趨向無序的傾向」，然而生命拒絕無序狀態，為避免快速步入衰敗滅亡，用盡方法，至今難解。薛丁格為後半世紀的科學立下一個宏大目標：發掘生命的奧祕。

放眼宇宙間所有事物，只有生命會逃避衰敗和死寂，即使為時短暫。一個有機體藉由消耗環境中的物質，例如呼吸、吃喝，來延緩衰亡，以及重獲新生。父母將基因圖譜傳給子女，生命依賴適應環境與多樣化遺傳特徵，都是物種避免滅亡的方式。在 1950 年代初期，生命的機制是個謎，但到了

50 年代末，許多謎團已經解開。羅莎琳在世博會的病毒模型，便是一項勝利的象徵。

這個模型呈現的是菸草花葉病毒，科學圈裡簡稱 TMV，由於具高度傳染性、容易取得，而且相對單純，所以全世界都在研究它。這種病毒會破壞菸草葉，留下馬賽克般的咖啡色斑點而得名。1898 年，荷蘭植物學家貝傑林克（Martinus Beijerinck）證實，這種感染並非體積較大、多細胞的細菌所引起，而是一種較小、無細胞的物質，他引用拉丁文裡的毒藥，將之命名為「病毒」（virus）。

細菌和其他生物形態的細胞一樣，靠細胞分裂繁殖。病毒沒有細胞，它透過占據或傳染、囚禁，再利用宿主的細胞自我複製，它們是微生物圈的布穀鳥，把蛋下在別人的巢裡。病毒含有自我複製所需的資訊，其他乏善可陳。但這些資訊如何儲存？病毒如何在一個新細胞裡複製遺傳資訊，又不會讓原版遺失？

這些問題比菸草或病毒本身更重要。所有的繁衍都跟病毒很像，父母親不用把自己切成兩半來製造下一代，而是跟病毒一樣，父親只提供遺傳資訊——精子，被包裹著的遺傳訊息。了解病毒，便能了解生命。

生命資訊是賦予細胞特定功能的一系列指引。孩子並非如 19 世紀科學家相信的，是父母的混合；而是分別從父母繼承不同的指令。這些互不相關的指令，稱為「基因」。

基因在 1865 年由孟德爾（Gregor Mendel）發現。孟德爾是奧匈帝國小城布隆（現今捷克境內）聖湯瑪斯修道院的修士。孟德爾種植豌豆，進行雜交實驗，分析了數萬株豌豆後發現，植物的特性可以傳遞給下一代，但大部分的情況並不是兩者混合，例如，豌豆種子不是圓的就是皺的，沒有兩者皆是，也沒有介於中間的形狀。當孟德爾給圓粒豌豆與皺粒豌豆異花授粉，長出來的豌豆總是圓的，沒有皺的，「圓的」指令壓倒「皺的」指令。孟德爾將這些指令稱為「性狀」，今天我們稱為「基因」。

孟德爾的研究成果遭到漠視，即使達爾文也沒注意到，一直到 1902 年才被重視，成為「染色體學說」的基礎。[3] 染色體（chromosome）是細胞核裡由蛋白質和有機酸構成的小包裹，名字源自它們被發現的過程——科學實驗時被染成各種鮮豔的顏色，chroma 是希臘文的「顏色」，soma 是「身體」。染色體學說同時由美國遺傳學家薩頓（Walter Sutton）與美國動物學家潘特（Theophilus Painter）提出，後由威爾森（Edmund Beecher Wilson）正式寫成理論，解釋染色體的功能——攜帶生命繁衍的遺傳基因。

起初，科學家以為染色體的蛋白質是遺傳訊息的來源，蛋白質是長形、結構複雜的分子，而染色體的另一個構成元素酸類，則相對單純。

　　富蘭克林卻相信遺傳訊息的傳遞者是染色體內的有機酸，而非蛋白質。[4] 她接觸這個主題的過程頗曲折，她在大學時期對晶體產生興趣，並學會如何用 X 光來進行研究，最後成了煤礦結構專家，或者如她所說的「煤洞」，被盛讚為傑出的 X 光晶體學家。這些成果讓她獲得倫敦大學的兩個研究工作，開始分析生物樣本，而不限於地質樣本。第二項職務是在柏貝克學院，期間她研究了菸草花葉病毒。

　　「晶體」讓人想起雪花、鑽石、鹽這類結易碎晶，但科學上，晶體是三度空間立體排列的原子或分子組成的堅實固體[5]，染色體裡的兩種酸類，去氧核糖核酸和核糖核酸，簡稱 DNA 與 RNA，都是結晶體。

　　結晶分子排列十分緊密，彼此間隔大約一公尺的百億分之一長，光的波長是它的百倍，所以無法利用光來分析結晶結構──光線無法穿透結晶的間隙。而 X 光的波長和結晶間隙一樣，可以通過晶體內的晶格，同時每一次撞擊晶體的原子時會繞射一次。X 光晶體學者把 X 光從所有可能的角度打進晶體，來判讀它的結構。這項工作需要精確、注意細節，

以及三度空間的想像力。而富蘭克林正是一位優秀的晶體專家。

　　她必須用上所有的技能來解決病毒如何繁衍的問題。不像細菌，病毒具有代謝惰性，意思是病毒如果沒有穿透細胞，便不會改變或活動。舉例來說，菸草花葉病毒原本是一個靜止的管狀蛋白分子，在感染植物後，才會釋出 RNA 裡的致命指令。在富蘭克林開始研究這個問題前，一般已經認定菸草花葉病毒株裡頭空空如也。那麼致命指令究竟藏在哪裡？

　　她發現答案了，原來這個病毒結構像一顆鑽頭，蛋白質外殼有溝槽呈扭轉狀，包裹著的核心是螺旋狀的酸類。這個武器般的外觀同時透露病毒如何運作，蛋白質先戳破細胞，釋出病毒 RNA，同時接管細胞核裡的繁殖機制，進行自我複製，也藉此散播傳染。

　　富蘭克林在 1958 年初發表她的研究結果。[6] 雖然她在 1956 年就被診斷出癌症，她仍然持續工作。腫瘤一度治癒，但再度復發，奪走她的性命。富蘭克林緊抓最後在世時光，完成了世博會的病毒模型。

　　《紐約時報》和《倫敦泰晤士報》都注意到她的死訊，將她描繪為一位經驗豐富的晶體學家，發現病毒結構的重要

推手。

在她過世幾年以後，真相才被揭露。富蘭克林對人類的貢獻，遠遠超越她對菸草花葉病毒的研究。很長一段期間，了解她真正成就的只有三個人——華生（James Watson）、克里克（Francis Crick）與威爾金斯（Maurice Wilkins），而他們悄悄偷走了她的研究成果。

2 ｜錯誤的染色體：科學界的性別歧視

華生和克里克是劍橋大學的研究員，威爾金斯是富蘭克林的同事，也是她在倫敦大學國王學院第一份工作的上司。這三個人都想成為解開世紀難題的第一人：DNA 的結構，以及攜帶生命訊息的酸是什麼？如何運作？他們彼此競爭，威爾金斯自稱為「鼠輩三人組」，還祝福另外兩人「比賽快樂」。

富蘭克林了解這三人的競賽，但沒有加入。她認為競賽會讓科學倉促不嚴謹，而且她身處劣勢：她是女人。

從遺傳觀點來看，男人與女人的分別不過是四十六分之一個染色體。女人有兩個 X 染色體，男人有一個 X、一個 Y

染色體。Y 染色體攜帶四百五十四個基因，不到人類身上全部基因的百分之一。這個微小的差異，讓女性的創造潛能在人類歷史上備受壓抑。

就某些方面來說，富蘭克林算幸運的了。她在劍橋大學的紐罕學院讀書，要是早出生個幾十年，她根本進不去劍橋。紐罕學院創立於 1871 年，是劍橋大學第二個女子學院，第一個是格頓學院，在 1869 年成立。劍橋大學在 1209 年建校，長達六百六十年，創校以來八成以上的歲月，都沒有女性就讀。即使收女生以後，男女的待遇並不平等。雖然富蘭克林入學考試拿到化學最高分，仍然無法成為劍橋大學的學生，女生只能稱為格頓學院或紐罕學院的學生，不能拿學位，甚至這樣的次等地位已經算一種恩惠。劍橋錄取的女生人數限制在五百人以下，確保男生的比例達到百分之九十。

科學雖然看似冷靜公正又理性，但長久以來對女性的壓迫十分顯著。英國皇家科學院將近三百年禁止女性加入，理由包括女性不具法律地位。直到 1945 年才第一次允許女性入會，這兩位女性的研究領域與富蘭克林相近：晶體學家隆斯戴爾（Kathleen Lonsdale）與微生物學家史蒂文森（Marjory Stephenson）。

瑪麗・居里（Marie Curie），歷史上最著名的女科學家，

她的遭遇沒有比較好。法國科學學會──相當於英國皇家學會──拒絕她的會員申請，哈佛大學拒絕頒給她榮譽學位，因為據榮譽校長艾略特（Charles Eliot）的說法，「功勞不全歸於她。」[7] 艾略特意指研究都是居里夫人的丈夫，皮耶做的，她的男同事們也多半這麼認為。他們毫無疑問地推斷，功勞應「完全」歸於任何他們屬意的男性。

儘管居里夫人是第一位女性諾貝爾科學獎項得主，也是第一位，無分男女，在不同科學領域獲得兩座諾貝爾獎的人（1903 年物理獎，1911 年化學獎）。這兩座獎有部分是她爭取應得榮耀的結果。當她領取第二座諾貝爾獎時，在演講的開頭，使用了七次「我」這個字，她強調：「用化學方法將鐳元素從純鹽的狀態中分離出來，並定義為一個新的元素，是由我完成的。」[8] 第二位贏得諾貝爾科學獎項的女性是居里夫人的女兒伊雷娜。這兩位女性都是與她們的丈夫一起得獎，除了居里夫人的化學獎，是皮耶過世後頒發的。

居里母女的成功並沒有幫到梅特娜（Lise Meitner），她發明了核分裂，結果與她共事的男同事哈恩（Otto Hahn）以她的成果得到 1944 年的諾貝爾獎。第三位女性諾貝爾科學獎項得主──第一位非居里的女性──是 1947 年生化學家科蕊（Gerty Cori），她與兩位居里一樣，與丈夫一起得獎。第一位不是與丈夫一起獲獎的，是 1963 年的物

理學家梅耶（Marie Goeppert-Mayer）。截至 2014 年，只有十五位女性獲得諾貝爾科學獎項 [9]，相對於五百四十位男性得主，男性得獎機率是女性的三十六倍。居里夫人以降，情況並沒有改善多少，平均每七年才有一名女性科學家獲得諾貝爾獎。居里夫人以外，只有兩位女性是自己獨力得到諾貝爾獎；只有在 2009 年，同時有三位女性在兩個科學領域獲獎。十六個頒給女性的獎裡，有十個是生醫獎。獲得化學獎的女性，除了居里母女外，只有兩位；而得到物理獎的，居里夫人不計，則只有一位。

這樣的事實不能表示女性的科學性向較弱。例如富蘭克林的 DNA 照片比任何人拍得都好，她用一個複雜的數學公式「帕特森法」來分析這些照片。這個公式是帕特森（Arthur Lindo Patterson）在 1935 年提出，是 X 光晶體學的古典工具。電磁波的兩個主要特性，一是密度，或稱為「振幅」，以及長度，或稱為「相位」。X 光拍出的影像能顯示振幅，但無法顯示可能富含資訊的相位。帕特森法克服限制，以振幅為基礎來計算相位。1950 年代，電腦，甚至連計算機都還沒問世，這項工作要花上幾個月。富蘭克林必須拿著一把計算尺、一疊紙，用手算出每一張照片的相位，代表她所分析的三度空間晶體分子的每一個切面。

當富蘭克林的研究即將告成之際，她在國王學院的同事

威爾金斯，在沒有徵得她的同意，甚至毫不知情下，把資料和照片拿給華生和克里克看。華生和克里克立刻做了推論，此時富蘭克林還在努力地證明 DNA 是一個雙螺旋結構。這兩人很快對外發表結論，隨後與他們的祕密消息來源威爾金斯，共同獲得諾貝爾獎。富蘭克林直到死前都不知道這三人偷走了她的研究成果，即使在她過世之後，他們也不曾給她應得的肯定。他們在諾貝爾獎的領獎致辭沒有感謝她，卻謝了其他幾位貢獻不如她的男性夥伴。威爾金斯只在諾貝爾演講時提過一次富蘭克林，並將她的角色輕描淡寫說成「對 X 光分析做了重要貢獻」，壓根不承認所有的 X 光分析，以及更多其他發現都是她的功勞。華生和克里克在他們的諾貝爾演講中，對富蘭克林完全沒有隻字片語。

3 ｜螺旋裡的真相

富蘭克林是 DNA 發現歷程中最重要的人物，她是人類——或地球上的所有生物——看到生命奧祕的第一人。她用一張攝於 1952 年 5 月 1 日的照片，回答了薛丁格的大哉問：「生命是什麼？」她把相機對準一股 DNA，距離鏡頭十五毫米，曝光時間設定在一百小時，打開快門。這真的是她的相機，她在國王學院的工廠自己設計、監督製造。鏡頭可以精準地做水平及垂直調整，方便她從不同角度，還能夠以非

常近的距離拍攝 DNA 樣本。此外，它有一個橡膠包覆的銅塞，可以把樣本周遭的空氣排掉，換成氫氣——更好的晶體媒介，以隔絕濕氣，世界上沒有任何類似的設備。[10]

四天過後，照片拍好了，這是歷史上最重要的照片之一。在訓練有素的眼睛看來，這照片就像一張籠罩著模糊光圈的朦朧臉龐，兩側眼睛、眉毛、鼻孔，以及酒窩都對稱排列，有如佛陀或上帝般微笑著。

對富蘭克林而言，這張照片很清楚，DNA 有雙螺旋的構造，像是沒有中心支點的螺旋梯。這個形狀清楚顯現了生命如何進行繁衍，螺旋梯可以靠著不斷分開與扭轉，自我複製延伸。

富蘭克林知道她有了重大發現，但她並沒有衝到國王學院的走廊上大喊「尤力卡！」，反而決定不要驟下定論。她想在發布結果前，先計算驗證，把資料蒐集完整再說。所以她將照片編號 51，然後繼續工作。她仍持續進行帕特森運算，還有許多照片等著拍攝。就在此時，威爾金森把照片拿給華生和克里克看，然後三個人得了諾貝爾獎，拜一位女性之賜。

同樣的故事也發生在布勞（Marietta Blau）身上，她在

維也納大學無酬工作時，發明了原子粒子的攝影技術。儘管這在粒子物理學界是相當先進的發明，布勞卻一直找不到一份有薪水的職務。英國物理學家帕威爾（C.F. Powell）「採用並改善」她的技術，在 1950 年得到諾貝爾獎。帕克爾（Agnes Pockels）因為身為女性，無法進大學，她用兄長的科學課本自學，在廚房裡做實驗室，發現了液體化學的基礎理論。她的研究成果被美國化學家朗穆爾（Irving Langmuir）「採用」，1932 年也拿下一座諾貝爾獎。這類故事不勝枚舉，許多諾貝爾科學獎得主的發明，全部或部分來自女性的貢獻。[11]

4｜凡有的，還要加給他

即使在我們身處的後基因體時代，專利的遊戲規則仍有利於白種男人。理由之一是，五十年前由社會學家查克曼（Harriet Zuckerman）首次提出的不平衡現象。[12] 當時查克曼正在調查科學家單獨研究還是團體研究比較成功，她訪問了四十一位諾貝爾獎得主之後，一個重大的發現，從此改變她的研究方向，那就是，許多諾貝爾獎得主在獲獎後，對加入團隊變得戒慎小心，因為團隊共同完成的事情，他們往往被認為是功勞最大的人。有位受訪者這麼說：「這世界認定功過的方式很奇特，總是傾向錦上添花，把功勞歸於名人。」

[13] 另一位則表示：「名氣最大的人總是獲得最多掌聲，名與實完全不符比例。」幾乎每一位榮獲諾貝爾獎的科學家都這麼說。

在查克曼之前，大部分學者以為科學界多少是由能力決定位階[14]，不過查克曼的研究發現，實情並非如此。越知名的科學家，得到的認可越多，較不知名的科學家得到的認可較少，不論工作是誰在做。

查克曼的發現被稱為被「馬太效應」（Matthew effect），出自聖經《馬太福音》第二十五章的寓言──「凡有的，還要加給他，叫他有餘。沒有的，連他所有的，也要奪過來。」[15] 這個名詞由一位知名度遠勝於她的社會學家莫頓（Robert Merton）提出。查克曼是這個現象的發現者，也切身體驗了這個過程，查克曼耕耘，莫頓收割。雖然莫頓將成果完全歸功於查克曼，但沒什麼用，正如理論所顯示的，多者得越多，少者得越少。幸好結局尚稱美滿，查克曼與莫頓一起做研究，後來嫁給他。[16]

馬太效應──或說得更精確一點，查克曼效應──是廣義的「看見幻想，而不是真相」的表現。參與查克曼研究的科學家知道自己名過於實，還算誠實。我們對他人的成見，其實也是對自己的成見。幾世紀以來，白種男人一直試圖說

服世人，他們比其他種族優越，許多人在這個過程中，也開始相信自己確實比較優越。人們經常基於成見來給予和接受功勞。如果在一個創造場合，有人來自一個「優越」的團體，人們通常會認為這個人功勞最大，儘管事實並非如此，而這名「優越者」也經常認為光環應該屬於他。

我曾經收過一封轉發的電子郵件，由一位資深的白人男性科學家寄給一位資淺、非白人的女性科學家。女科學家正在申請一項專利，而男科學家要求成為專利的共同發明人，原因是她的研究可能與他有關連，他宣稱沒有興趣搶她的功勞，只是要「確認她把事情做對」。專利法是複雜的，但專利局對發明人資格的認定並不複雜，陳述是這樣的：「除非對該發明概念的提出有所貢獻，否則不能列為發明人。」[17]女科學家若將男科學家列為發明人之一，等於冒著專利無效的風險[18]；但如果不這麼做，她的職業生涯可能陷入險境。最後這名男科學家的伎倆奏效，他被列為將近五十件專利的發明人——一個近乎不可能的數量，雖說大部分專利的發明人不止一位，然而每項發明的概念提出者，平均只有兩人。[19]這名男科學家真心認為發明與他有關，儘管他第一次聽說這些概念，是在看到女科學家提出專利申請的時候。

5 | 重點是肩膀，不是巨人

查克曼的先生莫頓，向來是光環匯聚的中心，不完全因為他是男性，他同時也是 20 世紀最重要的思想家之一。莫頓建立了「科學社會學」領域，與友人孔恩一起從社會層面檢視發明與創造。

莫頓一生致力於了解人類如何創造，尤其在科學方面。科學號稱客觀理性，雖然有些結果是這樣沒錯，但莫頓懷疑科學從業人員並非如此，他們也是會流於主觀、情緒和充滿偏見的普通人。無怪乎科學家經常會犯指鹿為馬的錯誤，從種族和性別歧視，到火星上的運河，以及身體由體液構成等謬論。科學家，和所有具豐富創造力的人一樣，都會受到環境影響——莫頓將之分為小環境與大環境——環境形塑了他們的思考和行為。孔恩稱為「典範」[20]的時代思潮，是大環境的一部分；其中哪些人的貢獻得到認可，原因是什麼，則屬於小環境的一環。

莫頓的觀察是，把榮耀歸於一人的想法，有基本的誤謬。每一個創造者的時空同時存在許多創造者，有些就在身邊，有些隔一條走廊或一片大海，有些是過世的先人或退休已久的前輩。每一個創造者都從數不盡的今人及古人身上，傳承著觀念、脈絡、工具、方法、資料、法律、原理與模型。

有些傳承很明顯，有些則不然。然而每一個創造領域都有千絲萬縷的關連，沒有一個創造者理應獲得太多光環，因為每個人都可以說都是負債累累。

1676 年，牛頓曾經如此描述這個問題：「如果我能看得更遠，那是因為站在巨人的肩膀上。」[21] 這句話看似自謙，其實是牛頓在一封信中，與他在科學界的死對頭虎克（Robert Hooke）爭辯研究成果歸屬時的用語，後來成為經常被引用的名言。事實上牛頓的這句名言，便是站在他人的肩膀上的結果，牛頓引用赫伯特（George Herbert）在 1651年寫的：「侏儒站在巨人的肩膀上看得比兩人都遠。」[22] 赫伯特則是引用波頓（Robert Burton）在 1622 年寫的：「侏儒站在巨人的肩膀上，便能比巨人看得更遠。」而波頓的靈感來自一位西班牙神學家艾斯特拉（Diego de Estella），可能追溯到 1159 年英國哲學家約翰（John of Salisbury）所說的：「我們便如同巨人肩膀上的侏儒，可以看得更多更遠，並不是因為我們視覺敏銳或天生異稟，而是因為他們巨大的身軀把我們抬起來，讓我們居高臨上。」約翰這句話則出自1130 年法國哲學家伯納德（Bernard of Chartres）：「我們就像站在巨人肩膀上的侏儒，可以比前人看得更多、更遠。」至於伯納德從哪裡得來的，我們就不得而知了。

莫頓的著作《在巨人肩膀上》（*On the Shoulders of*

Giants），便以這種環環相扣的轉變，證明漫長、多手的輾轉修正，才是創造的真實樣貌，而單一個人——通常是名人，經常得到名不符實的掌聲。牛頓的名言在當時其實有點陳腔濫調，而他也無意冒充原作者，因為一句通俗的格言根本沒必要註明出處，讀信的虎克對這個典故可能也耳熟能詳。

然而，不管是不是牛頓說的，這句話還是有語病：什麼是「巨人」？如果我們能看得遠，是因為站在巨人的肩膀上，那麼所謂巨人，不過是一群人疊羅漢，一個人站另一個人的肩膀上不斷墊高。巨人，和天才一樣，都是迷思。

究竟是多少人把我們抬到今日的高度？人類一個世代約二十五年，如果以五萬年前我們演進為智人——具創造力的人類——開始算起，今天我們創造的一切事物，都是奠基於兩千個世代所累積的智慧結晶

6 ｜創造的傳承

富蘭克林，這位結晶學大師，也是站在世代的智慧高塔上，成為看見生命奧祕的第一人。

20 世紀初期，世人對於結晶體所知有限，但這個主題至

少從 1610 年克普勒（Johannes Kepler）開始研究雪花為何是六角形以來，引起不少人好奇。[23] 克普勒寫了一本書《六角形的雪花》（*The Six-Cornered Snowflake*），認為如果我們能夠解決雪花或雪花結晶之謎，便能「再造整個宇宙。」

許多人試著研究雪花，包括收到牛頓「巨人肩膀」信件的虎克。三個世紀以來，這個謎題不斷被提出、描述與分類，卻始終沒有獲得解答。沒有人了解雪花究竟是什麼，因為沒有人了解結晶，也因為沒人了解固態物理的原理。

結晶的奧祕肉眼無法看見。要看到結晶，富蘭克林需要一個發源於克普勒世代的工具—— X 光。

克普勒對於雪花的好奇，與結晶有明確的關連，而 X 光的發展卻像無心插柳的結果。空氣幫浦技術的進展，促使科學家開始研究真空狀態。其中有一名科學家波以耳（Robert Boyle），嘗試使用真空來研究電。其他人在波以耳的成果上繼續改善，經過將近兩百年，德國一名玻璃吹管工人蓋斯勒（Heinrich Geissler）發明了「蓋斯勒管」，一個通電時會發光的半真空瓶。蓋斯勒的發明是個新鮮玩意兒，當時只能算是「有趣的科學玩具」，卻為數十年後霓虹燈、白熾燈泡，以及「真空管」（早期收音機、電視機與電腦的重要組件）的問世打下基礎。[24]

1869 年，英國物理學家克魯克斯（William Crookes）以蓋斯勒管為本，製作出「克魯克斯管」，真空效果更好。克魯克斯管成了陰極射線（映像管）的前身，之後被重新命名為「電子束」。

接著，到了 1895 年，德國物理學家倫琴（Wilhelm Röntgen）在使用克魯克斯管時，注意到黑暗中一束奇特的螢光。他整整六週吃睡都在實驗室，晝夜研究。一天他將妻子的手放在照相底板上，再用克魯克斯管對準，他把照出來的影像展示給妻子看，那是她的骨頭，第一張活生生的人體骨骼顯影。他的妻子說：「我已經看到死後的我。」倫琴將這項發明命名為 X 光，因為 X 代表未知事物。[25]

然而，這不知名的光是什麼？是像電子一樣的粒子，還是光一般的波呢？[26]

物理學家勞厄（Max von Laue）在 1912 年解答了這個問題。勞厄把晶體放在 X 光和照相底板中間，發現 X 光會在感光板上形成干涉模式，類似陽光反射在水面上的波紋。粒子無法穿透分子緊密排列的結晶體，即使可以，也不可能形成干涉模式，於是勞厄作出結論，X 光是一種波。

幾個月後，一名年輕的物理學家布拉格（William

Bragg）聽到勞厄的結論後，證明了 X 光的干涉模式可以顯示晶體的內部結構，並因為這項發現，在 1915 年以二十五歲之齡獲得了諾貝爾物理獎，是史上最年輕的諾貝爾獎得主。[27] 布拉格的父親威廉也是一位物理學家，也同時獲獎，但這不過是「馬太效應」，這位父親對兒子的發現幾乎沒有任何貢獻。

布拉格的結論扭轉了晶體研究方向。在布拉格之前，晶體學是礦物學的一個分支，屬於礦物與採礦學的一環，大部分與採礦及分類有關。布拉格之後，才出現一個領域，稱為「X 光晶體學」，一個由致力於揭開固態物質之謎的物理學家們棲息的蠻荒邊境。

這項突如其來的變化，產生了一個重要且意外的影響：推動女性科學家的事業發展。19 世紀晚期，大學開始錄取攻讀科學的女生，雖然步伐有些遲疑。晶體學相對冷門，而且是利於女學生畢業後就業的學科。布拉格獲頒諾貝爾獎時，巴絲康（Florence Bascom）正在賓州布林莫爾學院教授地質學。巴絲康是第一位獲得約翰霍普金斯大學博士的女性，當時她被迫坐在布幕後頭上課，以免讓男同學「分心」。此外她是美國地質調查局任命的第一位女性地質學家，在物理學家對晶體感興趣前，巴絲康早已是該領域的專家了。

當晶體研究從了解外部——礦物學與化學，轉移到探索內在——固態物理，巴絲康帶著一班女弟子，也跟上這股趨勢。

其中一個女生波特（Polly Porter）[28]，她的父母認為女生不需要受教育，禁止她上學。波特十五歲時，跟著家人從倫敦搬到羅馬，當她的兄弟在學校讀書時，她則滿城閒晃，蒐集古老石頭碎片，分析、記錄與分類這些從非洲、亞洲和希臘輸入，用來建造羅馬帝國首都的石材。[29]當她們一家搬到牛津，波特發現當地也有一些羅馬石，牛津大學的自然歷史博物館，蒐集了一堆尚待清理和標記的古羅馬大理石。經常造訪的波特，引起牛津大學第一位礦物學教授邁爾斯（Henry Miers）的注意，並聘請她翻譯目錄及整理這批石材。[30]波特透過邁爾斯，發現了晶體學這個領域，邁爾斯告訴波特雙親，應該讓她申請進大學，但他們還是不聽。

波特於是找了一個打掃工作，不過她掃的不是普通的灰塵，而是塔登實驗室。塔登（Alfred Tutton）是一位倫敦皇家礦物學院的晶體學家，他教波特如何製作與測量礦物。隨後波特一家搬到美國，她做了更多的石頭分類，她先在華府的史密森尼學會，然後到巴絲康所在的布林莫爾學院。巴絲康注意到波特，並找來蓋瑞特（Mary Garrett），一位鼓吹女性參政權的鐵路繼承人，贊助她學費，讓她得以求學。她

在學校裡待到 1914 年，布拉格得到諾貝爾獎，晶體學從礦物學的邊緣地帶變成核心基礎，那一刻，巴絲康寫信給戈施密特（Victor Goldschmidt），德國海德堡大學一位礦物學家：

親愛的戈施密特教授：

長久以來我一直想寫信向您引介波特小姐，她目前在我的實驗室任職，我希望您會歡迎她明年到貴實驗室工作。波特小姐全心投入晶體研究，她應該到靈感泉源去接受啟發。

波特小姐的經歷相當特別，她從未上過學，遑論進大學，因此她的知識基礎存在巨大斷層，尤其是化學與數學。但除此之外，我相信您將發現她對於您的研究主題具有非凡的天分與熱愛。我希望她能獲得過去一直無法擁有的機會，我十分看好她，並深信她終將成功。

您誠摯的友人，
佛蘿倫斯·巴絲康[31]

戈施密特在 1914 年 6 月歡迎波特進入他的實驗室。次月，第一次世界大戰爆發。

波特面對戰爭的艱困，與來自戈施密特的挫折與干擾，仍成功完成晶體學的學業，三年後拿到牛津大學學位。畢業後她留在牛津大學研究，並教導大學部學生她所熱愛的晶體，直到 1959 年退休。[32] 她最重要的一項成績，便是啟發、激勵了一名女學生，她後來成為世界最偉大的晶體學家之一，也是富蘭克林的啟蒙恩師——霍奇金（Dorothy Hodgkin）。[33]

　　霍奇金出生於晶體革命初期，當布拉格發現 X 光晶體學時，她剛好兩歲；五歲時，布拉格父子獲頒諾貝爾獎；十五歲時，她到皇家學院聽老布拉格的耶誕節兒童講座。這個講座由英國物理學家法拉第（Michael Faraday）在 1825 年發起，在當時的英國，就像耶誕大餐和聖誕歌，是應景的節目。布拉格在 1923 年的講題是「事物的本質」[34]，共有六堂演講，描述新近發現的亞原子世界。

　　他指出：「過去二十五年中，我們有了一雙新的眼睛，放射線與 X 光的發明，改變了整個情勢，這一系列演講的主題便源自於此。現在我們得以了解許多過去難以了解的事物，一個嶄新的世界正在眼前展開，等著我們去探索。」

　　其中布拉格有三場演講是關於晶體，他如此解釋其魅力：「結晶體的迷人之處，部分來自它們的耀眼光彩，部分

是因為完美的對稱。我們認為它的神祕與美麗，必然蘊含著令我們愉悅的特性，也確實如此。透過晶體，我們可以看到大自然最初的構造。」

這些演講激發霍奇金想要攻讀晶體學，但是牛津大學的回答令她失望：晶體構造是只大學部科學課綱的一小環節。霍奇金直到大四才遇到波特，她一面授課，同時研究如何讓世界上的每一塊結晶體都能被妥善分類。波特為霍奇金開啟了全新的視野，或許還阻止她誤入歧途到其他領域。霍奇金寫道：「關於晶體構造的資料顯然已經汗牛充棟，而我居然一無所知，有一刻我甚至懷疑，我還能發現什麼新知，隨後才逐漸了解，有些限制是我們可以跨越的。」

霍奇金領先其他科學家，看到 X 光晶體學不僅可以應用於礦石，也可以應用在活的生物分子，說不定能解開生命之謎。1934 年畢業後，霍奇金很快開始分析一種結晶狀的人類荷爾蒙——胰島素。1930 年代的科技還無法馴服分子，到了 1945 年，她確認了一種膽固醇的晶體結構，這是第一個被辨識，或者說被「解開」的生物分子結構；接著又確認第二個生物分子結構——盤尼西林。1954 年，她破解維生素 B_{12} 的結構，並因此獲得諾貝爾獎。

同一年，日本物理學家中谷宇吉郎解開雪花結晶之謎。

35 攝氏零下 40 度以上形成的雪花並不是純水，而是環繞著另一個粒子，多半是微生物如細菌所組成。36 這是個美麗的巧合，生命以細菌的形式，成為雪花結晶的核心；而 DNA 結晶，則是生命的核心。中谷同時證明雪花有六個角，因為雪花從冰的結晶演變而來，而冰的結晶構造正是六角形。

當富蘭克林使用 X 光晶體學分析 DNA，實際是傳承霍奇金率先研究的技術，而霍奇金的靈感來自波特的啟發，波特是巴絲康的愛徒，巴絲康則是女性科學先驅，她接棒布拉格的研究，布拉格又受到勞厄的啟發，勞厄跟隨倫琴的步伐，倫琴跟隨克魯克斯，後者可追溯到蓋斯勒，再往前則是波以耳。

個人再怎麼偉大的成就，都是人類歷程中的一小步。我們幾乎每一件事都是拜他人所賜，代代相承，類似雞生蛋，蛋生雞的循環。

今天，全世界都站在富蘭克林的肩膀上，每一個人都因為她的研究受益，這是個環環相扣的長鏈，一路延伸到病毒學、幹細胞研究、基因治療，以及 DNA 犯罪鑑定。富蘭克林連同布拉格、倫琴與其他科學家所帶來的影響，甚至擴及外太空。美國太空總署 NASA 的機器探測器「好奇號」（Curiosity），使用 X 光晶體學分析火星地表，在隕石裡找

到核鹼基——DNA 的必要成分[37]；在距離我們四億光年的行星也發現羥乙醛的蹤跡——RNA 裡一種糖狀結晶分子。[38] 在如此遙遠的空間找到這些生命組成的基本單位，看來生命並不罕見，任何地方都可能存在。富蘭克林第一次拍攝到 DNA 時，生命還很神祕，時至今日，我們對此領域的了解已經透徹到可以合理懷疑，宇宙到處都有生命存在。

富蘭克林的死因也與 DNA 有關。她是阿什肯那茲猶太人，屬於中世紀時從中東遷移到歐洲萊茵河畔的猶太後裔。她的姓原本是法恩可（Fraenkel），祖先來自現今波蘭的弗羅瓦夫。她的基因多半來自歐洲血統，而非亞洲。猶太男人與歐洲女性通婚後，有段時間阿什肯那茲主義興起，開始禁止與其他族群通婚。這支猶太人裡，有三類人有基因缺陷，其中兩類帶有變異的第一型乳癌腫瘤抑制基因，稱為 BRCA1 基因；另一類則是 BRCA2 基因，在第二型乳癌腫瘤抑制器上，有一個稱為 6174delT 的突變。富蘭克林可能遺傳了其中一種突變基因。[39] 帶有 BRCA2 突變基因的女性，罹患卵巢癌的機率比一般人高出十五倍，BRCA1 基因則是三十倍。[40] 富蘭克林最後死於卵巢癌。

在她拍下 DNA 的影像前，上述情景都難以想像。今天的阿什肯那茲猶太女性，算是富蘭克林的表親[41]，可以篩檢是否帶有 BRCA1 或 BRCA2 突變基因，若有帶因，便可採

取預防措施。這些預防措施相當慘烈，包括兩側乳房預防性切除，以降低罹患乳癌風險，以及切除卵巢與輸卵管，以降低卵巢癌風險。但不久的未來，可能會出現某種標靶治療，可以預防導致癌症的突變，以及其他的基因突變或癌症等疾病。富蘭克林救不了自己，卻可以、也已經挽救了成千上萬女性的性命，雖然大多數人從來沒聽過她的名字。

如果女性被隔絕在科學之外的情況不曾改變，這一切都不會發生，也許晚很多年才發生。這其實無關男女，因為同為人類，就有能力創造、發明與發現，與性別、膚色或性傾向沒有任何關係。因創造而得以倖存的物種，不會對創造設限。越多人從事創造，就會有越多創造發明。平等可實現一部分人的正義，但所創造的社會資產，則雨露均沾。

CHAPTER 6

當創新引發連鎖反應鏈

1 | 盧德份子的功擊

1812年4月12日，星期天午夜剛過，卡特萊特（William Cartwright）的狗突然開始吠叫，一聲槍響從北邊傳來，接著南方，隨後東方與西方。卡特萊特的巡守員被聲響驚醒，不知從何處冒出來的一群人，從黑暗中竄出，把這些巡守員打倒在工廠後方的地上。[1]

其他人敲破工廠的窗戶，用一種稱為「以納克錘」[2]的大錘子撞門。更多的子彈從破窗射出，樓上還有多支長步槍同時開火。

卡特萊特連同五名員工和五名士兵展開反擊，從堆高的石板後用步槍射擊，一方面敲鐘警告駐紮在一英里外的騎兵。

工廠大門經卡特萊特強化並用鐵釘拴緊，以納克錘撞不開，步槍發射出的彈藥煙霧彌漫，很快就有兩個人被射死在院子裡。歷時二十分鐘，大約射出一百四十發子彈後，發動攻擊的一方帶著傷狼狽撤退，連死去同伴的屍體也沒能帶走。

等暴徒身影消退，卡特萊特才探頭查看。錘子和手槍損

毀了一樓窗戶，玻璃及窗格碎了一地；步槍子彈則打破了樓上約五十片窗玻璃。大門被撞壞，無法修理。此外，在滿地丟棄的錘子、各式斧頭、一灘灘鮮血、身體碎片和斷指一片狼藉間，躺著兩具或蜷曲或平躺的屍體。

這次攻擊的目標是卡特萊特的自動化紡織機。發動攻擊的是一群紡織工人，想在新機器摧毀他們的工作前，先摧毀機器。他們自稱盧德份子，已經在英格蘭北部發動多起類似的攻擊行動。卡特萊特是第一個打敗他們的人。

盧德份子，名字取自當時著名的虛構人物──機器終結者盧德將軍，隨後成為抗拒新技術與恐懼改變的代名詞。其實這群工人兩者皆非，他們只是拚命想保住手上的工作而已，他們對抗的是資本，並不是技術。他們用來破壞紡織機的最新型以納克錘，便是冠發明人以納克·泰勒（Enoch Taylor）的名字，而被破壞的紡織機也是泰勒發明的。盧德份子不是沒注意到這個反諷，他們的說法是，「以納克做的，以納克來摧毀」。

盧德份子的故事重點並不是誰對誰錯，而是人們對新事物的排斥。隨著一代代創新發明的推進，總會帶來或好或壞，無法預見，以及意想不到的衝擊。

新的技術經常被形容為「革命性的」，其實並不誇張，那些英格蘭血腥夜的發生背景便是兩種革命的碰撞——技術革命與社會革命。

　　再往前回溯數十年，歐洲皇室與貴族便曾經困坐愁城。1776 年，英國國王喬治三世被迫宣布北美十三個殖民地獨立；1789 年法國大革命，法國國王路易十六在四年後過世。潘恩為革命的精神與時代下了結論，1791 年，他在《人權論》（*The Rights of Man*）一書中寫道：「政府若不是由人民所組成，就是凌駕於人民之上。」[3]

　　盧德份子興起之際，英國政府就如同剛被推翻的法國政府，凌駕於人民之上。喬治三世是歐洲皇室互相聯姻，形成綿密的關係網路的一環，喬治透過中間階層的代理人——世襲的貴族，輪流治理普羅大眾，統治大英帝國。之後一個新崛起的社會階層開始形成威脅——資本家，一群不依賴出生血統，靠著自己工作及創造工作致富的社會新貴。他們不在乎「皇家」頭銜，比較看重關乎利潤的政治權力。他們的崛起有一部分拜發明之賜，例如印刷媒體讓資訊自由流通，自動化機器節省勞力和時間。中產階級也是中世紀的一項創造成果。

　　卡特萊特工廠的械鬥正反映了新的緊張關係。卡特萊特

只配有幾名皇家士兵，他敲鐘要求派遣更多士兵，卻仍無人馳援。貴族對於新興工業階級的態度曖昧且矛盾，其中有許多人認同盧德份子看到的危機，機械化將造成權力與財富的重分配，像泰勒的紡織機一類的新技術，威脅到不止一個社會階級，而是兩個。

　　盧德份子、皇室與貴族一般說來並不害怕新科技，他們擔心的是特定科技對他們各別可能造成的衝擊。新工具製造新社會。

　　貴族還不清楚威脅是什麼，盧德份子可是十分確定，他們深信自動化紡織機的危害之大，足以讓他們干冒生命危險，無論是攻擊行動或被捕後遭處決，都要阻止機器運行。然而，紡織機這個電腦和機器人的前身，它帶來的長遠效應遠超乎預料，尤其對盧德份子而言，根本無法預見他們的後代子孫——今日的勞工——會跟卡特萊特一樣，使用資訊科技與自動化技術來謀生。最後，我們看到，勞工階層是新技術最大的受益者，而貴族們，當時唯一有權力阻止自動化發展的一群人，什麼都沒做，成了最大的輸家。

2 | 打開可樂，聽見人類的大合唱

　　新技術的影響幾乎都是難以預料的，部分原因是太過複雜。為了讓大家了解複雜的程度，讓我們離開卡特萊特的工廠，把目光轉移到一個看似平凡無奇的典型美國產物——可口可樂的鋁罐。

　　距離我在德州奧斯丁的家約一英里的 H-E-B 雜貨店，十二罐裝的可口可樂賣四‧四九美元。

　　每一個罐子都來自西澳洲墨瑞河畔一個四千人的小鎮品嘉拉——西澳洲最大的鋁礦產地。鋁是露天開採的礦，基本上在地表開挖，打碎後，用熱的氫氧化鈉清洗，直到分離出氫氧化鋁和一種名為「紅泥巴」的廢棄物質。氫氧化鋁必須先冷卻，再置於窯裡加熱到攝氏一千度以上，成為氧化鋁或礬土。將氧化鋁放在融化的冰晶石中溶解——一種最早在格陵蘭發現的稀有礦物，再導入電流，稱為電解程序，生產出純鋁。純鋁會沉到冰晶石溶液底部，抽出後放入鑄模，最後形成圓柱狀的鋁條。澳洲扮演的角色到此為止。這些鋁條被運往西邊的邦伯力港口，裝上貨船，展開一個月長的航程——以奧斯丁販售的可樂為例，抵達德州岸邊的克斯第港。

　　鋁條到港後，隨即被一輛卡車載往 37 與 35 號州際公

路北方，奧斯丁市波內路的瓶裝工廠，在這裡將鋁條壓成薄片，再以一個名叫抽引光滑加工的機械程序，把鋁片沖引成圓形，做成杯狀，這麼做可以讓罐子成形，也使鋁片變得更薄。從圓形變成圓柱的過程只花五分之一秒。罐子外層使用聚合樹脂打底，然後印上七層彩色壓克力塗料和透明漆膜，再以紫外線照射固化。罐子內部也上了塗料——使用一種食用樹脂聚合物，以防止鋁腐蝕滲透到飲料裡。到這個步驟為止，繁複工法只做出沒有蓋子的空罐，下一步是填裝。

可口可樂公司設立於喬治亞州亞特蘭大，公司只生產可樂糖漿，裝瓶作業是由另一家獨立的公司負責，名叫可口可樂裝瓶公司。可樂在美國的主要成分是一種人工果糖甜味劑，稱為高果糖玉米糖漿 55，意思是含有 55％的果糖，以及 42％的葡萄糖或稱單糖——兩者比例與天然蜂蜜相同。高果糖玉米糖漿的做法，是將溼玉米磨成玉米澱粉，再摻入幾種酵素，包括芽孢桿菌分泌的酵素、曲霉菌分泌的酵素，以及第三種，由鏈球菌提煉出來的木糖異構酶，用來將部分葡萄糖轉化為果糖。

第二項原料，焦糖著色劑，讓可樂呈現特別的深咖啡色澤。四種焦糖著色劑中，可口可樂用的是 E150d，將糖加入亞硫酸鹽與阿摩尼亞，加熱製成深咖啡色液體。還有一項原料是食用磷酸，用來增加酸度，將燒過的磷（磷礦石經電爐

熔煉出磷）稀釋，並經過除砷手續製成。

高果糖玉米糖漿與焦糖著色劑是糖漿的主要成分，但作用只有甜味和色澤，另外還加了一些原料用來增添風味，包括香草——我們已經知道，是經過乾燥與發酵的一種墨西哥蘭花的果實；肉桂，某種斯里蘭卡樹木的內皮；來自南美的可可葉，必須先在紐澤西州一家美國政府特許的工廠加工，去除使人成癮的興奮物質——古柯鹼；以及可樂果，一種生長在非洲雨林的樹木所結的紅色果實（可口可樂的紅色商標可能源自於此）。

最後一個成分是咖啡因，是一種從可樂果、咖啡豆等果實萃取出，具刺激性的植物鹼。

所有的原料調和後，熬煮成濃縮糖漿，再從亞特蘭大的可口可樂公司運到奧斯丁的可口可樂裝瓶公司，使用當地的水稀釋，並灌入二氧化碳。這些二氧化碳讓水產生大量氣泡，打開時會發出嘶嘶聲響。完成的碳酸飲料再裝填入罐裡，只差最後封口。

鋁罐頂蓋經過仔細的結構設計，雖然也是鋁，但比罐身來得厚且強韌，經得起二氧化碳氣體的壓力，是鋁鎂合金材質。經過沖壓、穿孔、安裝上易開拉環，再放到裝滿可樂的

罐上，頂蓋與罐身邊緣再加壓密合。十二罐可樂裝一包，稱為冰箱包（fridge pack），一部機器一分鐘可以包裝三百包。

這些包裝好的可樂再運送到我家附近到 H-E-B 雜貨店，終於可以讓消費者買回家，冰涼後飲用。這一條生產鏈，橫跨鋁礦場的推土機、冰箱、聚氨酯，以及古柯鹼，足跡遍及除了南極洲以外的每一塊大陸。每一天有七千萬瓶可口可樂被製造出來，走到附近街角都可以用一美元左右買一瓶。而這不僅是一瓶飲料而已，一罐可樂和其他所有發明一樣，是全世界合力產出的產品，也是許多源遠流長的人類發明成果的集合。

沒有一個個別的人知道怎麼做出一罐可樂，也沒有一個單一的國家可以製造出一罐可樂。這個知名的美國出品一點也不美國，發明與創造，如同大家所見，是所有人的傑作。這些現代的工具鏈如此長而複雜，串連起地球上的每一個人。它們是心智之鏈，把散布不同時間、空間，本土與外來、古代和現代、活人與死者，互不相干的發明與智慧結合在一起。每一罐可樂都是人類的大合唱，儘管可口可樂並沒有教世界如何唱歌，姑且不談它的廣告主題曲。

可口可樂的故事十分具有代表性，我們創造的每一樣東西，都仰賴成千上萬的人，累計兩千多個世代祖先的貢獻。

1929 年，俄國作家以愛倫堡（Ilya Ehrenburg）曾經在《汽車的一生》（*The Life of the Automobile*）這本書裡，像我描述可口可樂一般，描述汽車的製造過程。他從法國工程師勒本（Philippe Lebon）在 18 世紀末發明第一具內燃機開始講起 [4]，到石油工業興起結束。愛倫堡一路提及許多人的貢獻，包括培根（Francis Bacon）、塞尚（Paul Cezanne）與墨索里尼（Benito Mussolini）。他描述福特（Henry Ford）的輸送帶時說：「這已經不是（輸送）帶，這是（輸送）鏈，是一項技術奇蹟，象徵人類智慧的勝利與利潤的增長。」

1958 年，瑞德（Leonard Read）追溯一枝由輝柏嘉鉛筆公司（Eberhard Faber Pencil Company）製造，蒙古 482 號黃色鉛筆的生產歷程。從奧瑞崗柏樹的生長、砍伐，運送到加州聖黎安卓的加工與上色工廠，再送到賓州維科巴瑞，木板在這裡刨出凹槽，放入鉛筆芯。筆芯使用斯里蘭卡的石墨和密西西比的泥土，用蓖麻籽油潤澤。筆端加上黃銅頭，以及一種類似橡膠材質的橡皮擦，是荷蘭東印度的菜籽油與氯化硫經過化學反應製造出來的。

1967 年，馬丁·路德·金恩（Martin Luther King Jr.）在亞特蘭大的艾本奈茲教堂，一場名為「世界和平」的佈道大會上，說了一個道理：

說穿了事實就是，所有的生命都息息相關。置身在一個互相依存的關係網絡裡，沒有人能夠逃脫，我們是一個命運共同體。對某人有直接影響的事，都間接影響所有的人。因為這種相互關連的現實結構，我們生來就要共同生活。你可曾想過，如果不是整個世界的協助，你能否在早上順利去上班？想像一下，清早起床，走到浴室，伸手拿起海綿，那其實是一個大西洋島民遞給你的；你再拿起一塊香皂，這回遞給你的是個法國人；然後你走到廚房喝咖啡，換成南美人幫你倒咖啡，如果你喝的是茶，那是中國人幫你斟茶，或者你早餐想來杯熱可可，就是一名西非人服務了。接下來，你去拿吐司，遞給你的是個英國農夫，烤麵包的烘培師傅就不提了。在你吃完早餐前，已經依賴了至少半個世界。[5]

半個世界，以及兩千個世代，為我們完成這一切。他們合力提供資訊科學家所說的「工具鏈」——我們藉以從事創造的流程、原理、元件與產品。

國王利用工具鏈為世界和平的主張背書，但我們歷史悠久的工具鏈，所涉及的政治與道德面並不單純。愛倫堡描述汽車製造鏈，目的是支持馬克思主義，他相信大量生產的工業化過程會對勞動者造成危害，並失去人性。瑞德則將鉛筆製造歷程援引為自由主義的佐證，他認為這種自發的高度複

雜事物，只有當人們免於政府的極權操控才能產生。很明顯的，我們總是企圖將創造的複雜性，做簡單的歸因。但我們這樣做對嗎？

3 | 亞米西人教我們的事

探討創造與其影響的關係，有一個實際的案例。美國的亞米西人（Amish）——從瑞士移民美國的基督教孟諾教派，他們住在鄉間的小聚落，盡可能保護原本的生活方式，讓村落不受外界影響。當電氣化在 20 世紀橫掃全美，亞米西人拒絕用電，對同時代的其他發明也一視同仁，包括汽車與電話。因此，亞米西人，尤其是重視傳統或「舊秩序」的族人，便成為守舊、時光凍結、反對科技的代表。

其實亞米西人並沒有拒絕新技術，他們不僅和其他人一樣擁有創造力，善用資源，而且猶有過之。他們利用太陽能板發電，發明巧妙的設計以有效使用電池與桶裝瓦斯，他們使用 LED 照明，使用瓦斯引擎或壓縮空氣發動的機器，影印文件，冰存食物，也用電腦做文書處理和電子表格。他們盡可能避開的是，利用這些技術來連結非亞米西的，或者說——英語的世界。也因此，他們自己生產能源，沒有遠距離的交通工具，如果要外出到馬車到不了的地方，就搭計程車，

他們的電腦也沒有網路。他們並沒有奉行自給自足，他們使用的工具大部分如同可口可樂，接收來自全世界的新觀念，仰賴大型電廠、水處理設施、煉油廠與資訊系統的輔助，也無法在當地生產。亞米西人並不是一味崇尚人工勞動的老古板。方便和效率有所分隔，他們重視勞動的價值，但並不容忍缺乏效率。亞米西人也使用乾衣機和文書處理器，過去他們是靠自己的雙手勞動。

與外界的刻板印象相反，亞米西人是世界上最有自覺、思慮也最周密的工具使用者。亞米西領袖史托爾（Elmo Stoll）的解釋是：「我們並不認為現代發明是邪惡的，車輛或電視機不過是物品，用塑膠、木材或金屬製成。現代化技術改變生活方式，但在這過程中，兩者的關係必須審慎檢視。」[6]

亞米西人看待科技的態度是主觀的，他們十分謹慎，非常關切技術會給村落帶來什麼影響。

最特殊的地方或許是，亞米西人言行一致。他們不是唯一一群反對創造、變遷和技術的人，有些人認為，不見得所有科技都不好，但大部分是壞的；或是科技無法解決所有的問題，所以毫無用處；以及任何相信科技有益的人，都是天真的樂觀主義者，無視科技帶來的危害。例如，作家與科技

批評者莫洛佐夫（Evgeny Morozov）強力反對被他稱為「愚蠢的技術解決方案主義」：

> 不是每一個可以解決的東西，都應該要獲得解決，即使最新技術使得解決方案更加簡易、便宜和難以抗拒。有時候不完美已經夠好，有時候原有狀態遠比完美更理想。現今，最令我憂慮的是，到處都有價廉物美的電子解決方案告訴我們什麼需要解決。道理很簡單：解決的問題越多，發現的問題越多。

他還說，「技術」就是：

> 根植於複雜的人類作為，即便針對看似無關的動作做微小修正，可能會長遠地改變我們的行為。很可能是，在一個地區某個做法的最佳化⋯⋯最後全世界會得到一個次佳的結果⋯⋯一個區域問題或許可以獲得解決，但只有當全球性的問題同時被觸發，否則我們難以在當下察覺。[7]

莫洛佐夫是對的，「解決的問題越多，發現的問題越多」，解釋了我們在第二章討論過的鄧可的問題解決路徑，問題帶來解決方法，解決方法又帶來新的問題。重點是莫洛佐夫提出的第二個觀點——由於解決方法往往由全世界分工

合作，並且代代相傳，一個解決方法所導致的問題，可能需要經過長遠的時間、空間，才會被察覺。創造會帶來意想不到、無法預期，以及不可知的問題，至少是難以事先防備的。讓我們回到可口可樂罐的例子，再做多一點說明。

4 ｜是創新，還是沒事找事

　　古早的人在溪畔彎下膝蓋，用雙手捧水飲用，現在的我們拉下鋁罐拉環，喝一些用我們不知道的地方生產的不知名成分，用我們不了解的方式調出來的飲料。

　　可口可樂是我們五千年創新之樹的一根新枝椏。水是人類最重要的養分，如果沒喝水，我們活不過五天；要是喝錯水，還可能死於水媒疾病，如孢子蟲病、微孢子蟲病、腦包蟲病、霍亂和痢疾。我們只能在一、兩天可達的距離內移動，否則隨身攜帶的水就不夠喝，難以遷移與探險。然而，兩千個世代的努力，已經發展出讓飲用水垂手可得的方法。

　　早期攜帶與儲存水的技術包括毛皮、中空的葫蘆，以及約一萬八千年前的陶器。一萬年前，人類已經發明水井，得以隨時取用新鮮的地下水。三千年前，中國人已經開始喝茶，將水煮沸的做法，同時也巧合地殺死水中致病的微生物。這

些微生物的存在，過了兩千五百年才被發現。當泡茶的技術從中國逐漸傳到中東，十六世紀的歐洲，喝茶的人開始認為煮沸的水比較有益健康。煮沸的做法也讓遠行成為可能，因為可以確保一路上的飲水安全。

最好的水來自湧泉，從自然之井——地下蓄水層湧出，潔淨又富含礦物質，幾千年來備受推崇。天然湧泉常被視為具療癒聖地，部分礦泉水本身就含有氣泡。

當瓶子——兩千五百年前中東腓尼基人最早發明——開始普及，這些純淨且礦物質豐富的聖水，終於得以從產地運送到其他地方。一旦可以裝瓶和運輸，礦泉水當然也可以調味了。

最早的調味水有波斯的雪露（sherbet），用打碎的水果、草本植物和花瓣製成，最早的記錄是喬根尼（Ismail Gorgani）在 12 世紀寫的醫藥百科《*Zakbireye Kbwarazmsbabi*》。大約一百年後，英國人將發酵的蒲公英與牛蒡根泡水飲用，可以產生氣泡。再過了數百年，亞洲和美洲也有類似的飲料，使用中美洲一種有刺的藤蔓，稱為沙士（sarsaparilla）。這些加了天然素材的汽泡水或變種飲料，被認為是有益健康的。

1770 年代晚期，化學家們開始複製礦泉水和草本飲料的元素。瑞典的伯格曼（Torbern Bergman）用二氧化碳讓水發泡，英國的普利斯萊（Joseph Priestley）也用了相同的方法。住在瑞士德語區的舒味思（Johann Jacob Schweppe）將普利斯萊的發泡法商業化，並於 1783 年設立舒味思公司。泉水中的礦物成分用磷酸鹽取代，和柑橘調製成檸檬酸，這些名詞直到 20 世紀的美國，廣泛應用於各種加味的氣泡飲料。

　　當礦物化、碳酸化越來越普遍，礦泉水原本具有的療效，被含有異國成分的補品和藥飲取而代之，諸如沼澤裡摘取的非洲猴麵包樹的果實和根。其中許多飲品含有咖啡因和鴉片成分，有止痛的功效，但也具成癮性。

　　1865 年，化學家潘伯頓（John Pemberton）用可樂果、可可葉和酒精，研發出一款藥飲。二十年後，喬治亞州許多地方開始禁酒，潘伯頓調製出不含酒精的配方，稱之為「可口可樂」。1887 年，他把配方賣給一個藥局店員，名叫坎德勒（Asa Candler）。

　　巴斯德、科胥（Robert Koch），以及其他歐洲科學家幾年前已經發現細菌會致病，配方藥飲從此逐漸式微。往後的二十年間，藥物成為一門科學，並且受到規範。美國農業

部首席化學家威利（Harvey Washington Wiley）領導了一場食品安全運動，促成 1906 年純食品藥物法案的簽署，以及美國食品藥物管理局的設立。

從藥品市場撤退的可口可樂糖漿，與碳酸水混合後，成為飲料，在藥局販售。原本的保健目的，逐漸模糊成「舒爽」、「提神」之類的軟性訴求。剛開始，碳酸水是人工加進去的，只能在冷飲櫃檯買到。當時裝瓶還是個陌生的想法，1899 年，坎德勒將可口可樂的美國裝瓶權利，以一美元永久授權給兩名年輕律師，因為他認為可樂只能從販售糖漿賺到錢。

現在回頭看，這顯然是個驚人的錯誤，但是在 1899 年，誰又料得到。玻璃還難以量產，坎德勒很可能認為裝瓶業永遠成不了氣候。然而，玻璃和裝瓶技術不斷進步，1870 年英國的考德（Hiram Codd）發明了彈珠汽水瓶——利用二氧化碳的壓力將彈珠推至瓶頸，封住瓶口。今天這些考德瓶拍賣價可達數千美元。隨著裝瓶技術的進展，可口可樂裝瓶事業不斷成長。坎德勒賣掉裝瓶權利的十年後，美國已經有四百家可口可樂裝瓶公司。從前只能在冷飲櫃檯販賣的可口可樂，變得輕便可攜帶，而且很快再度進化，從瓶裝變成罐裝。

講到罐子，故事要從拿破崙說起。拿破崙發現死於營養不良的士兵，比戰死沙場的更多，他下了一個結論：「軍隊靠胃行軍」。1795 年，法國革命政府提供一萬兩千法郎的獎金，徵求讓食物保存和攜帶的方法。一個巴黎的製糖人亞伯特（Nicolas Appert），耗費十五年實驗，最後發明一種食物保存法：將食物密封在不透氣的瓶子，然後把瓶子放進滾水裡，如同用沸水煮茶，滾水可以殺死細菌——細菌是造成食物腐敗的主因，雖然這個真相要再過一百年才被揭曉。亞伯特把包括從鵪鶉到蔬菜共十八種食物的密封罐送給海上的士兵，他們四個月後打開，發現裡頭的食物完全沒有腐壞，新鮮如昔。亞伯特拿到賞金，由拿破崙親自頒發給他。

法國的敵人，英國，將亞伯特的保存技術視為武器。保鮮食物讓拿破崙更能長驅直入，靠胃行軍的軍隊現在走得更遠。英國的反應十分迅速，杜蘭德（Peter Durand）改良亞伯特的方法，用錫罐取代瓶子，英國國王喬治三世特頒給他發明專利。畢竟玻璃瓶易碎，搬運不易，杜蘭德的錫罐更適合軍隊行軍所需。罐頭食品很快受到旅人的歡迎，也為探險家的旅程增添助力，如德國探險家科查布（Otto von Kotzebue）、英國海軍將領派瑞（William Edward Parry）、加州的淘金熱——始於 1848 年，三十多萬人湧入加州，造就舊金山成為大城市；此外，也拓展了美國南北戰爭兩軍交鋒的範圍。

似乎要向拿破崙與罐頭技術致意般巧合，可口可樂在1950年代發明第一批罐裝可樂，供應遠在韓國打仗的美國大兵。這批可樂罐是錫製的，經過加厚以承受碳酸作用的壓力，另增加防止化學反應的塗層，這些步驟讓罐子既沉重又昂貴。當更輕巧、更便宜的鋁罐在1964年問世後，可口可樂的裝瓶業者幾乎立刻就採用。

　　可口可樂會存在，是因為我們都會渴，因為水可能不安全，我們沒辦法撐到找到下一個湧泉。它會存在，是因為人們生病時，會希望來自遠方的草藥、樹根、樹皮可以有所幫助。它會存在，因為我們偶爾需要旅行，無論是為了逃離、打獵、戰爭，或尋找更理想的居所和方式。可口可樂或許看起來像是一種奢侈，其實是因應生活的實際需求而生。

　　然而，與所有的創新一樣，可口可樂同樣帶來無法預見、出乎意料，以及長遠的後遺症。鋁是從鋁土礦場露天開採而來，對當地環境造成巨大破壞。2002年，一家英國採礦公司韋丹塔（Vedanta），提出東印度尼雅格里山的鋁礦場開採許可要求。當地住了一支名為東加里亞孔達人（Dongria Kondh）的原住民，開採計畫可能會摧毀部落生活方式，但印度政府已經批准，於是部落居民發起國際抗爭，在最後一刻阻止了開採行動。當然，這個案例對世界上其他具同等破壞力的鋁礦開採，包括澳洲、巴西、幾內亞、牙買加和超過

一打以上的國家，沒有絲毫影響。

而高果糖玉米糖漿早已被指為日益惡化的肥胖症主因，尤其在美國。1966 年，美國平均每人攝取一百一十三磅的糖，到了 2009 年，增加到一百三十磅，部分原因是高果糖玉米糖漿的引進，在美國由於進口關稅的緣故，遠比糖來得便宜。平均每個美國人一年消耗大約四十磅的高果糖玉米糖漿。

咖啡因濫用可能造成過度興奮和成癮，過量則會造成嘔吐腹瀉，導致脫水——喝飲料的反效果。汽水中的咖啡因，對兒童形成特殊的問題，如今他們一天平均攝取一百零九毫克咖啡因，是 1980 年代兒童的兩倍。

雖然鋁可以回收再利用，但仍有許多鋁罐被棄置在垃圾掩埋場，要數百年才能分解。每個鋁罐的生產與分銷約有半磅的二氧化碳被排放到大氣，造成全球暖化的氣候改變。

可口可樂公司向來不遺餘力擁護全球貿易，也成功生產和行銷全世界，但這項策略已經在許多國家引發衝突與關切，包括印度、中國、墨西哥，以及哥倫比亞。其中一項議題是水權，可口可樂唯一就地取材的原料是水，而生產十二盎司的可樂，需要遠超過十二盎司的水，因為還要計入清洗、

冷卻，以及其他生產程序的用水。如果將可口可樂工具鏈上的所有程序都一起考慮計算，一罐十二盎司的罐頭會消耗超過四千盎司的水。[8]喝水比喝可樂便宜又有效率多了，在深受缺水之苦的地方，這就是個問題。

所以說，比較好的工具一定會帶來比較好的生活？把東西做得更好，通常會讓事情更好？我們如何能確定，把東西做得更好，不會反而讓事情更糟呢？

這些都是應該問的問題，如同亞米西人與莫洛佐夫。有時候技術瑕疵是危險的，甚至是致命的。可口可樂早期的競爭對手，麥根啤酒與沙士，使用黃樟樹的根發酵製成，如今被懷疑可能導致肝病和癌症，已經被禁止使用。玻璃的含鉛量一度足以造成鉛中毒，即痛風的成因之一，通常會導致足部大拇指關節的發炎反應。痛風長久以來被稱為「富人病」，因為病患往往是社會中上階層人士，如英國國王亨利八世、詩人米爾頓（John Milton）、牛頓與美國總統老羅斯福。班哲明‧富蘭克林（Benjamin Franklin）甚至為此寫了一篇文章，標題是〈富蘭克林與痛風的對話〉（Dialogue Between Franklin and the Gout），日期為 1780 年 10 月 22 日午夜。文章記錄了一段對談，富蘭克林要求痛風解釋，他究竟做了什麼而「必須經歷這些殘忍的折磨？」他推測問題出在吃太多，又缺乏足夠的運動，但痛風夫人則責備他的懶惰與暴飲

暴食。事實上，包括富蘭克林和其他患者，所謂「富人病」的罪魁禍首，是含鉛的玻璃酒瓶，上流社會用來保存與斟倒波特酒、白蘭地和威士忌。「含鉛玻璃」或「鉛水晶」根本不是水晶，而是含鉛量高的玻璃，鉛會從玻璃溶出，滲入酒裡，造成鉛中毒，導致痛風的發生。

鉛中毒可能使大多數的羅馬帝國皇帝飽受折磨，包括克勞迪斯（Claudius）、卡力古拉（Caligula），以及尼洛（Nero），他們喝在鉛罐製成的糖漿調味紅酒，造成的影響遠超過痛風。這些帝王鉛中毒十分嚴重，可能導致器官、組織與大腦問題，後遺症影響之深之廣，最後羅馬帝國的傾頹或許是肇因於此。

亞米西族領袖史托爾說過，新是中性的，不好也不壞。莫洛佐夫則說，新事物通常對某些人是好事，對其他人卻是壞事；或者現在是好事，將來是壞事，或兩者皆是。

不相信嗎？讓我們再回到卡特萊特的工廠。

5 | 如果你看得懂這段文字，要感謝磨坊主人

了解過去對現在的影響，和預測現在對將來的影響，一

樣的困難。攻擊卡特萊特的自動紡織機的紡織工人們，可能並不知道，若不是自動化，他們也不會成為紡織工。13世紀以前，英國的織布工業集中在東南部，後來產業北移到羅佛德、約克夏、卡特萊特一帶，是機械化的結果。尤其布料清洗，稱為漂洗流程的機械化。幾百世紀以來，漂洗布料就像踩葡萄一樣，光著腳踩，為維持一致的踩踏節奏，這群漂洗工人，通常是婦女，會唱一種特殊的「漂洗歌」，剛開始布料還很僵硬的時候，節奏很慢，越洗越柔軟，節奏就加快。婦女們隨著布料的尺寸和種類調整歌曲的長短快慢。例如蘇格蘭地區的漂洗歌，原來是用蓋爾語唱，不時隨興加進一些音節：

　　來吧，我的愛
　　信守你的諾言
　　帶著我的問候
　　越過哈里斯
　　捎給約翰‧坎貝爾
　　我的棕髮情人
　　狩獵著野鴨
　　海豹和天鵝
　　躍起的鱒魚
　　嘶鳴的鹿
　　潮濕的夜

今夜微寒 [9]

在英格蘭，漂洗歌的傳統，在一項翻轉十五個世紀的革命性技術出現後，嘎然而止——磨坊。

磨坊發明於兩千年前，起初使用像飛盤一樣的水平旋轉，後來改為垂直如車輪轉動。大約一千年前，磨坊已經普及，隨處可見，最早用來碾碎穀物，但很快就用來漂洗布料，以及鞣製、洗滌、縫紉、壓摺、潤色、上漿，也用來鑄造錢幣。

河流的重要性崛起，改變了土地的價值，能提供磨坊動力來源，就會躍居產業重鎮，工作也跟著動力來源流動。

一千年前，英國的織品貿易集中在東南方的幾個郡，但漂洗機器需要水力，只有西北部才能提供，於是紡織業只好遷移。到了 13 世紀末，英國已經聽不到漂洗歌了。

動力革命為啟蒙運動播下種子，利用天然能源的經驗，直接促成理論物理與科學革命的發展。牛頓被轉動的磨坊啟發的可能性，大過一顆掉落的蘋果。

卡特萊特出生時，約 18 世紀末，紡織業已經高度自動

化了幾百年。卡特萊特的新紡織機，與舊磨坊的差別，在於紡織機不但取代人力，也同時取代了腦力勞動。漂洗主要靠體力，用腳踩踏不用動腦，只需要肌肉多出一些力，也因為如此，水車裝上曲軸、凸輪和齒輪，就可以快速取代人力。然而，織布除了靠體力，也是腦力勞動，不僅是肌肉，還需要動腦來說明和理解編織的圖案。當水力促進了紡織工業的發展，紡織工人的需求也隨之升高，尤其是會動腦、受過訓練的工人。學徒制度於是應運而生，由師傅教導少年學徒織布技術。在公共教育興起前，學徒制是紡織業普遍的教育訓練方式。1812 年，盧德份子攻擊卡特萊特工廠的那一年，大約二十個住在工廠和周遭城鎮的英國青少年，就有一個是紡織學徒。也是這批受過訓練的工人，在 18 世紀末到 19 世紀初開始要求政治改革。

自動化織布機對織布工人造成威脅，是因為機器也能「思考」，或至少能遵從指令。紡織圖案可以利用穿孔卡片操控機器，模擬紡織工人的大腦，而且更快更精準，讓紡織工顯得很多餘。這其實是第一代可程式化機器，就很多方面而言，是第一代的電腦。盧德份子抗議的其實是資訊革命的發軔。

當時，這場革命帶來的影響令人感覺前景黯淡，勞工被訓練必須動腦，因為工廠對人力的需求降低，對腦力的需求

增加。然而，新紡織機的出現再度對腦力形成威脅，甚至似乎完全消滅對勞動力的需求。

盧德份子沒料到結果竟然完全相反。卡特萊特的勝利果實完全出乎意料，自動化紡織機不但沒有降低對智慧勞工的需求，反而是大幅增加。當簡單的可程式化機器取代簡單的腦力工作，隨之提升的生產效率，創造出新工具鏈中大量的新工作，例如維護、設計、製造更精密的機器，生產規畫，收入與支出等會計作業，以及不到一個世紀後出現所謂的「管理」工作。[10] 這些工作都需要不僅能動腦的勞動者，還要能「識字」。

在 1800 年，約三分之一的歐洲人能識字，1850 年大約一半，到了 1900 年，幾乎所有歐洲人都能識字。一千年來的文盲現象，在一百年內完全改觀。在幾個世代之前的祖先可能都不識字。為什麼你可以，他們不行？關鍵就在自動化。

1812 年攻擊卡特萊特工廠的那群人，在反對自動紡織機行動失敗後，都還不識字，但他們的兒孫輩已經脫盲。工業化國家投資公共教育，以因應對更聰明的工人的需求。1840 年到 1895 年間，這些國家的入學率比出生率成長得更快。[11]

自動化在 20 世紀突飛猛進，繁榮興盛，與教育的擴張互相推動，彼此影響。孩童受教育的人數年年激增。1870年，美國有七百萬名小學生、八萬名中學生、九千名大學畢業生。到了 1990 年，美國有三千萬名小學生、一千一百萬名中學生，以及一千五百萬名大學畢業生。[12] 與人口數相對照，幾乎所有孩子都上小學，就讀中學的孩子則成長了三十五倍，而大學畢業生成長二十五倍。這個高等教育趨勢仍在持續，1990 年到 2010 年間，美國大學畢業生人數幾乎增加了一倍。[13]

　　盧德份子在砸毀卡特萊特的織布機時，料不到、也沒法料到如今的景象，卡特萊特也料想不到。每個人只想到自己，沒有人能想像，自動化會帶給子孫更美好的未來。

　　工具鏈帶來連鎖反應鏈。身為創造者，我們可以預期部分的後續效應，如果是不好的，我們當然應該事先防範，包括創造別的東西來替代，但我們不能因此停止創造。

　　這也是那些自稱技術異教徒，如莫洛佐夫的誤謬之處。要解答發明造成的問題，不是少一點發明，而是更多的發明。發明是一個無止境、不完美的重複再重複，新的解決方法催生新的問題，再催生新的解決方法。這是人類族群的循環，我們總是能持續改善，但永遠不可能完美。我們不應該期待

事先設想所有的後果，甚或大部分的影響，無論好壞。我們的責任不一樣，我們應該積極找出，盡快發現創造帶來的後果，一旦發現缺點，就盡力做好創造者的工作：視之為新的問題，熱忱地加以解決。

CHAPTER 7

用熱情當燃料，
自由地失敗，經常地失敗

1 | 伍迪. 艾倫的小金人

2002 年春天，伍迪·艾倫（Woody Allen）做了一件生平沒做過的事，他從紐約飛到洛杉磯，打上領結，出席影藝學院的年度盛事——奧斯卡獎頒獎典禮。伍迪·艾倫已經得過三座奧斯卡獎，提名其他獎項達十七次，包括多次入圍最佳劇本，但他從來沒有參加過頒獎典禮。2002 年，他的電影《愛情魔咒》（*The Curse of the Jade Scorpion*）一個獎項也沒提名，但他卻來了，全場觀眾起立鼓掌歡迎。他為一段以紐約市為場景的電影集錦短片做引言，鼓勵導演們無畏幾個月前紐約遭遇的恐怖攻擊，繼續創作。他說：「為了紐約市，我願意做任何事。」[1]

為什麼伍迪·艾倫對典禮如此敬謝不敏？他總是半開玩笑地回答——兩個最尋常的藉口，一是典禮當晚幾乎都有一場精彩的籃球賽，以及他每個星期一都必須在艾迪·戴維士（Eddy Davis）的紐奧良爵士樂團吹奏單簧管。[2] 這些理由都不是真的，真正的理由是，他有一次解釋過，他認為奧斯卡獎會削弱他的作品品質。

「整個頒獎的概念就是愚蠢，」他說，「我沒法忍受讓別人來評斷我，因為當他們說你應該獲獎，你就接受，那麼當他們說你不應該得獎時，你也得接受。」[3]

還有在另一個場合，他說：「我覺得獎項是偏頗的，人們可以說，『噢！我最喜歡的電影是《安妮霍爾》（*Annie Hall*）。』言下之意是，那部電影最好。可是我認為電影不能這樣評斷，除非是田徑賽，有個人跑得很快，你看到他跑贏了，這沒問題。我年輕時贏過田徑賽，感覺很棒，因為我知道那個獎是我應得的。」[4]

不論驅策伍迪·艾倫的動力為何，總之不是獎項。他的例子雖然極端──其他入圍奧斯卡獎的編劇、導演與演員幾乎都會參加典禮──卻突顯了一個重點：獎賞不一定是創作的紅蘿蔔，有時候，甚至反而造成限制或傷害。

動機從來就不是單純的事，我們受許多動機驅使，有些很清楚，有些不易察覺。心理學家奧克斯（R.A. Ochse）提出創造的八大動機：追求專精、不朽、金錢、認同、自尊、創造美好事物、證明自我，以及發掘潛藏的秩序。[5]有些獎賞源自內在，有些則來自於外。

哈佛心理學家亞瑪拜耳（Teresa Amabile）研究動機與創造的關係。在她早期的研究中，她懷疑內在動機有利於創造，而外在動機則適得其反。

伍迪·艾倫回避的外在動機，是他人的評斷。詩人普拉

斯（Sylvia Plath）承認自己渴望得到所謂「世界的讚賞」，雖然她發現這只會使創作更加困難：「我希望我的作品很好，獲得肯定，但很諷刺的，這麼想反而讓我動彈不得，破壞我『為創作本身而做』的單純努力。」[6]

在一項研究中，亞瑪拜耳要求九十五個人做拼貼畫，為了測試外在評價在創造過程中的角色，她告訴某些受試者：「我們延請了五位史丹佛藝術系的研究生，他們會仔細評量你們的設計，提出優點，同時批判缺點。我們會寄給你每一位評審的評語。」其他人則沒有收到任何有關評審的訊息。

事實上，所有的拼貼畫都由一組專家從多方面進行評審。預期將受到評審的作品，明顯比較缺少創意，他們對自己完成作品的興趣也比較低落。[7] 普拉斯稱為「單純努力」的內在創造動力，已經被抹煞了。

亞瑪拜耳在第二次實驗中，加入一個新的變數——觀眾。她將四十個人分成四組，再告訴第一組，將有四名藝術系學生在單向鏡後觀看並評分；告訴第二組，會由一群在別處等待的藝術系學生評分；告訴第三組，鏡子後頭的人正在等待另一場實驗；她完全沒有向第四組提到觀眾或評分的事。結果第四組是最有創意的一組；其次是不知道有評分，但知道有人在看的第三組；再者是等著被評分，但沒有觀眾的第

二組；而顯然最缺乏創意的，就是既被評分也被觀看的第一組。被評分比不評分的小組顯得更焦慮，而焦慮越多，創意就越少。

接下來的實驗，亞瑪拜耳改用寫作代替視覺創作。她告訴受試者他們將參加寫作研究。和上次一樣，分為四組，有些接受評量，有些不會，有些有觀眾，有些沒有。亞瑪拜耳給他們二十分鐘寫一首以愉悅為題的詩，同樣有一組專家最後會評審，並依照創意評分排序，結果仍是相同的。此外，沒有被評分的小組表示，他們對作品的滿意度較高。預期被評分的小組則說，寫這些詩就像在工作。

亞瑪拜耳的研究，證實了伍迪・艾倫回避奧斯卡的原因。艾倫高中時也翹課，大學時休學，缺席頒獎典禮，就他而言，是免除外在影響的可能危害的一種方式。

伍迪・艾倫窩在他紐約公寓角落的一張小桌子工作，用他十六歲時買的酒紅色奧林匹亞 SM2 手提式打字機[8]，在黃色法律用紙上創作出許多電影劇本。他說：「這部打字機依然堅固得像部坦克，花了我四十美元，我想。我的每一部劇本、每一篇《紐約客》的文章，都在這部打字機上完成。」[9]

他在打字機旁放了一個小型的 Swingline 釘書機、兩支

棗紅色起釘器與剪刀，實際上他還會剪貼，或者說剪訂——把稿子剪下，釘到另一份草稿上。他說：「我有很多把剪刀，還有這些小釘書機。每當我寫了一個好的段落，我會把這段剪下來，釘上去。」

結果是一團亂，就像一本剪貼簿，每張紙要不是用釘書機釘在一起，就是滿布釘書針被拔起的孔痕。這一團亂的上頭，是用 11 級的 Continental Elite 字體，只有打字機色帶才有的灰黑色打出來的電影劇本。每一本幾乎都是賣座保證，而且可能順便會贏幾個伍迪‧艾倫避之唯恐不及的獎座回來。

1977 年，其中一本破爛的黃色剪貼簿最後拍成了《安妮霍爾》，他覺得拍得很糟：「影片完成的時候，我一點也不喜歡，當時我找聯美影片公司（United Artists）的人談，如果可以不對外發行，我願意無酬為他們另外拍一部電影。我當時跟自己說，『在我人生的這一刻，如果這是我能拍出的最好作品，他們實在不應該給我錢拍片。』」

聯美公司最後還是發行了這部電影，他的懷疑錯了，《安妮霍爾》獲得了巨大成功。《奧斯丁日報》（*Austin Chronicle*）的波卡頓（Marjorie Baumgarten）寫道：「（電影的）喜感、演員表現，以及深刻內涵，皆精準而完美。」

《紐約時報》的坎比（Vincent Canby）說：「這部片讓伍迪躋身歷來最佳導演之列。」電視劇《歡樂單身派對》（Seinfeld）的共同創作者大衛（Larry David）則表示：「這部片從此改寫了喜劇的拍攝手法。」

當《安妮霍爾》提名五項奧斯卡獎時，伍迪‧艾倫對於得獎的看法首度變得清晰無比，他拒絕出席典禮，甚至不看電視轉播。他回憶：「第二天早晨起床後，我拿起送到我家的《紐約時報》，看到頭版的底下寫著，《安妮霍爾》贏得四項奧斯卡獎，我心想，哦！太好了。」

其中兩個獎項——最佳導演與最佳劇本，屬於伍迪‧艾倫個人，但他無動於衷，堅持「奧斯卡獎得主」的字眼，不得出現在紐約市方圓一百英里以內的電影廣告上。

伍迪‧艾倫的第二部電影《星塵往事》（Stardust Memories），更顯示出他不在乎外界的讚美。他說：「這是我最不受歡迎的電影，卻肯定是我私心最喜歡的一部。」

單就避免他人評論干擾這一點，不只伍迪‧艾倫如此。詩人艾略特（T.S. Eliot）在登上眾人掌聲的頂峰，獲得諾貝爾文學桂冠之際，他並不想要這個獎。詩人貝瑞曼（John Barryman）特來道賀，直說這是個大日子。[10] 艾略特回答說：

「（這個獎）來得太快，諾貝爾獎是通往自己喪禮的門票，沒有人在得獎後，還能有什麼成就。」他的領獎演說謙遜到近乎是遁辭：

> 我開始構思致辭時要說什麼，本只想單純地表達感謝，但要做得恰如其分，卻非容易的事。我明白這是一名文字創作者所能獲得最高的國際榮譽，卻只能說一些陳腔濫調。承認自己不配得獎，等同於懷疑評審委員會的智慧；若大肆讚美委員會，又好像往自己臉上貼金。容我詢問，大家是否想當然耳認為，在得知獲獎的那一刻，我就如同任何人可以預期的，激動、興奮又虛榮，夾雜著受寵若驚的歡欣，又有點惱怒，因為一夕之間成為公眾人物而有些不便？因此，我得試著用委婉一點的方式來表達。我接受這座諾貝爾文學獎，這項榮耀頒發給一個詩人，是肯定詩的價值。今天我站在各位面前，並非個人何德何能，而是作為一個象徵，代表詩在這個時代的重要地位。[11]

愛因斯坦倒確實躲掉了諾貝爾獎頒獎，這座獎在他的天分早已廣受認可時姍姍來遲，而且不是因為他的相對論，而是另一個更抽象的研究「光電效應」──光是波，也是粒子。他宣稱頒獎典禮當天他在日本有事，不克前往，向委員會致歉後，隔年在瑞典哥登堡的北歐自然科學家大會上，發表了

一篇「受獎演說」。

演說中，他沒提到光電效應，也沒提到諾貝爾獎。[12]

2 | 要獎賞，還是要選擇

1976 年 2 月，加州海港城市蘇撒利多天氣乾而寒冷[13]，一棟奇特的紅木小屋俯視著平靜的灰色港灣，門口裝飾著許多雕刻粗糙的動物，水獺演奏手風琴，貓頭鷹吹薩克斯風，還有一隻彈吉他的狗。[14] 木屋沒有窗戶，樂團佛利伍麥克（Fleetwood Mac）正在裡頭錄一張專輯，名叫《昨日已逝》（*Yesterday's Gone*）。他們的心情陰沉如那天的天氣，氣氛像門口的布置一樣詭異，團員們恨透了這個怪異、陰暗、充斥一堆奇怪動物的錄音間。他們剛開除了製作人，主唱之一克莉斯丁・麥克維（Christine McVie）與貝斯手約翰・麥克維，樂團名字裡的麥克組合，正在鬧離婚。吉他手白金漢（Lindsey Buckingham）與另一名主唱尼克斯（Stevie Nicks）分合不斷，爭辯不休。而鼓手佛利伍（Mick Fleetwood）發現妻子與最好的朋友上床。每一天黃昏，他們縱情於迷幻藥、古柯鹼的盛宴，然後徹夜工作，克莉斯丁稱之為「雞尾酒」派對。[15]

樂團在蘇撒利多撐了幾個月後，拔營落腳洛杉磯。麥克維夫婦和尼克斯分道揚鑣，在蘇撒利多錄的專輯是一團糟，樂團取消門票已經售盡的全美巡演，他們的唱片公司華納兄弟，也延後《昨日已逝》專輯的發行時間。

　　好萊塢的工作人員用新的技術修復錄音帶，挽救了這項計畫。樂團成員再度集合，聽到成品都很驚訝，那是一張很棒的專輯，非常棒。在蘇撒利多的爭吵記憶給了約翰·麥克維靈感，他把專輯名稱改成《謠言》（Rumours）。

　　《謠言》專輯在 1977 年 2 月推出，隨即大獲成功，盤踞暢銷排行榜冠軍長達三十一週，賣出上千萬張唱片，並贏得 1978 年葛萊美獎最佳專輯，同時也是美國史上最賣座的唱片之一，比披頭四所有專輯都暢銷。

　　如何保持《謠言》的記錄？他們在西洛杉磯租一間工作室，花百萬美元，完成一張雙碟專輯《長牙》（Tusk）——有史以來最昂貴的唱片。這張專輯得到一些不冷不熱的評價，在排行榜第四名徘徊了一陣子，賣出幾百萬張，然後便沉寂下來。華納兄弟拿它跟《謠言》的輝煌相比較，說這是一次失敗。[16]

　　過了幾年，流行樂團達客西午夜跑者（Dexys Midnight

Runners）也遭逢相同命運。達客西的大紅作品《*Too-Rye-Ay*》，專輯中的一首歌〈來吧，艾琳〉（Come On Eileen!）是 1982 年美國與英國最暢銷單曲。與佛利伍麥克一樣，達客西在灌錄這張專輯時正遭逢一場個人危機風暴，主唱兼團長羅蘭（Kevin Rowland）與小提琴手歐哈拉（Kevin O'Hara）分手。由於專輯的成功，樂團展開密集的世界巡迴宣傳，他們抵達英國後已經筋疲力盡，三名團員因此不幹了。留下的人在錄音室錄了下一張專輯《別叫我離開》（*Don't Stand Me Down*），新專輯耗費更多金錢和時間。唱片封套的照片上，團員們穿著單寧連身裝，刷洗整燙得好像要去工作面談一般。專輯裡只有七首歌，其中一首長達十二分鐘，而且以兩分鐘不知所云的對話開頭。《別叫我離開》讓樂評人摸不著頭腦，沒有發行單曲，也賣不好。[17] 達客西整整二十七年沒有再錄過一張專輯。音樂界的老手們稱這種現象為「第二張專輯症候群」——暢銷金曲的下一張專輯，花更多錢、更多時間、更多力氣的失敗之作。[18]

佛利伍麥克和達客西在錄他們的熱門專輯時，創作力都沒有因當時的情感挫折而折損，他們在焦慮沮喪中創造出好作品。但是成功的盛名遮蓋了期待的荊棘，豐厚利益的背後有著巨大的代價，意味著，為了不辜負世界的等待，注意，世界是需索無度的，必須給出更多。

所有的創作者都會面臨這種危機。做自己想做的事，會做得比必須做的事要好。杜思妥也夫斯基曾經感嘆出版社施加給他的期待：

　　我的寫照是，工作讓我飽受折磨。你知道寫作是怎麼回事？不，感謝上天，你根本不知道！我相信你從來不曾接單寫作，大量地寫個沒完，也從來不曾體驗過地獄般的痛苦。收到《Russky Viestnik》雜誌這麼多預付金（嚇人！四千五百盧布），年初時我衷心期望繆思不會離我而去，可以一整年文思源源不絕，最後我能讓每個人都滿意。雖然整個夏天和秋天，我選擇了幾個不同的構想（有些是有創意的），但經驗讓我總是在一開始就察覺每個構想的誤謬、困難或無常，最後我終於選定一個，並開始工作，而且寫了很多。但是到了 12 月 4 日，我會全部捨棄。我可以確定，這本小說還過得去，但我完全無法忍受──只是過得去，而不是真的好，我不想要這樣。[19]

　　杜思妥也夫斯基的經驗很普遍。「接單寫作，大量地寫個沒完」，比自主選擇來得沒有創意。

　　心理學家哈洛是特曼（第一章「白蟻」計畫的發起人）的得意門生。[20] 特曼對哈洛的影響非常大，他勸哈洛把原本

的姓氏「以色列」（Israel）改掉，因為聽起來猶太色彩過濃。哈洛在史丹佛大學接受特曼的指導，拿到心理學博士後，到威斯康辛大學麥迪遜分校擔任教授。他把一棟空建築改造成全世界第一座靈長類動物實驗室，並做了一些實驗，測試獎賞對動機的影響。哈洛用鉸鏈、釘子和細棍做了一個機關，放到猴子籠裡，猴子如果按照正確步驟解開鉸鏈，他會再恢復原狀。一星期後，這些猴子都學會很快地解開機關，幾乎沒有錯誤。實驗的最後五天，一隻猴子在不到五分鐘內，解開機關共計一百五十七次。[21] 沒有任何獎賞，這群猴子解題只是因為好玩。

接著哈洛在過程中加入獎賞──食物，猴子解題反而變差了。他的解釋是：「（獎賞）容易干擾，而不是幫助實驗對象表現。」[22] 這是個令人驚訝的發現，第一次有人注意到，外在獎賞會減弱動機，而不是增強。

然而這是猴子，那麼人呢？

亞瑪拜耳要求藝術家挑選二十幅自己的作品，其中十幅是接受委託的畫作，另外十幅非委託畫作。一組獨立評審負責評分，比起自由創作，受委託的畫總是被評為缺少創意。[23]

1961 年，普林斯頓的格拉克博格（Sam Glucksberg）使用蠟燭題來研究動機。[24] 他告訴受試者，依照他們解題的速度，把蠟燭放到牆上，就可以贏得五到二十美元——相當於 2014 年的四十到一百六十美元。另外一組人則沒有獎金。結果與哈洛的猴子、亞瑪拜耳的藝術家一樣，沒有獎金的那組人更快解開蠟燭題。獎賞對於表現有不利的影響，格拉克博格和其他科學家的後續實驗，仍然得到相同的驗證。[25]

獎賞與動機的關係，並不只是「獎賞削弱表現」這麼單純。除了亞瑪拜耳與格拉克博格之外，有超過一百個相關研究，結果莫衷一是，有些發現獎賞有用，有些則是有害，也有研究的結果是沒有差別。[26]

眾說紛紜中，密西西比大學的麥克羅（Ken McGraw）提出了最有力的假設。他懷疑，如果題目與探索有關，獎勵會造成干擾，但對只有一個正確答案的題目，如數學題，反而是助力。1978 年，他給學生一組十題的測驗，前九題必須用數學思考，第十題則需要發揮創意。一半的學生答對可以得到一‧五美元（相當 2014 年的十二美元），另外一半什麼獎勵都沒有。麥克羅的研究結果部分證明了他的想法，獎金對於數學題沒有影響，兩組表現一樣好，但對於創意題則有很大的不同，想贏得獎金的學生會花比較多時間解題。需要開放思考時，獎賞會形成問題；但對於其他種類的問題，

獎勵的影響可能是正向或中性的。[27] 但無論是外顯如杜思妥也夫斯基從出版社拿到的預付金，或是隱性如佛利伍麥克在《謠言》發行後面對的期待，獎賞通常會阻礙創意的運行。

亞瑪拜耳繼續做了兩個研究，進一步探究及延伸這個主題。[28] 第一個實驗中，她要求一群學童看一本圖畫書說故事，其中一半學童說故事可以得到獎勵，玩拍立得相機，另一半則沒有獎勵。她讓學童在說故事前先玩相機，以消除期待獎勵對思考的干擾。沒有獎勵的一組也可以玩相機，但與說故事這件事沒有關連。這些學童講的故事都被錄音，交由一群老師評審。結果很清楚，也符合預期：沒有獎勵的一組講的故事比較有創意。

第二個實驗，亞瑪拜耳加入一個新的變數——選擇。她告訴六十名大學生，他們將參加一項人格測驗才能拿到學分，測驗過程中，研究人員假裝錄影機壞了，無法繼續進行。然後她告訴其中一組，稱為「無選擇—無獎賞」組，他們必須完成拼貼畫來代替測驗。另一組「無選擇—有獎賞」，必須完成拼貼畫，但是可以得到兩美元。詢問第三組「有選擇—無獎賞」，是否可以做一幅拼貼畫，但沒有任何獎金。再問第四組「有選擇—有獎賞」，是否願意做一幅拼貼畫，拿兩美元獎金。為了加強獎金效果，她在獎賞組創作時，把兩張紙鈔放在他們面前。最後全部的作品由一組專家進行評

審。這次實驗裡，獎賞果真激發出最有創意的作品──來自「有選擇─有獎賞」組；但最沒有創意的作品，也與獎賞有關──來自「無選擇─有獎賞」組。沒有獎賞的兩組，得分在兩者之間。就創作而言，選擇改變了獎賞所扮演的角色。創意表現最差的那一組，問題顯而易見：他們感受到的壓力最多。

而「無選擇─有獎賞」，正是大部分上班族工作時的實際處境。

3 ｜午夜的十字路口

美國深南部流傳一個名叫詹森（Robert Johnson）的音樂家的故事。[29] 據說有個寂靜無聲、烏雲蔽月的夜晚，睡不著的詹森背著吉他在達克瑞農場閒晃，星光帶路，他沿著向日葵河走，一直走到吹著狂風沙的十字路口，一個高大的黑影阻擋了他的去路。這個人伸出一雙奇特且巨大的手，拿走他的吉他，調調音，然後彈奏出一段無人聽過、如泣如訴的音樂。當他停止彈奏，這個人告訴詹森他的真實身分：他是魔鬼。魔鬼與詹森談條件，用剛才的吉他樂聲，交換他的靈魂。詹森接受了，後來他成為史上最偉大的吉他樂手，在密西西比三角洲一帶彈奏魔鬼的音樂，也就是「藍調」，充滿

傳奇色彩。六年之後，魔鬼說時限已到，便取走他的靈魂，詹森只活了二十七歲。

這個故事半是真，半是假，確實有個名叫詹森的人，他也確實在密西西比三角洲一帶彈了六年的吉他，是史上最偉大的吉他樂手之一，擅長藍調、搖滾和金屬，享年二十七歲。但他並沒有和魔鬼交易，事實上他曾經走到一個十字路口，必須和自己做交易。雖然擁有音樂家的天分，詹森十九歲時結婚，準備過著當農夫和父親的安穩生活。在妻子不幸死於分娩後，詹森才做出被描述成「把靈魂賣給魔鬼」的決定，全心投入藍調吉他彈奏。

詹森的生平和才華被穿鑿附會的原因，一部分是因為他英年早逝，一部分是來自他的一首歌〈十字路口的藍調〉（Cross Road Blues），歌詞講述一段沒搭到便車的故事，但沒提到任何魔鬼交易；大部分情節則是參雜了古老的德國傳說和非洲裔美國人的神話。

德國傳說是浮士德的故事，可以追溯到 16 世紀，雖然有眾多版本，但主旨相同。浮士德是一個學識淵博的人，通常是醫生，渴求知識與權力，他召喚魔鬼，並與魔鬼交易，他得到知識與權力，而魔鬼得到他的靈魂。浮士德享受權力帶來的種種，直到魔鬼回來，將他帶往地獄。

根據非洲奴隸的民間巫毒傳說，如果夜晚在十字路口遇到一個黑衣陌生人，將可以獲得某種特殊能力。大溪地和路易斯安那的巫毒傳統對於十字路口有一番特別解釋：靈界與物質世界的交會之處，由守門人雷格巴老爹（Papa Legba）駐守。與浮士德不同的是，這名十字路口的陌生人並沒有要求報酬。

　　詹森的故事融和了兩個民間神話，描述一個深刻的事實：每一個創作生涯裡，無分領域，都會有一個時刻，必須做出獻身的許諾，才能成功。許諾的代價是高昂的，我們必須對創造的目標全心投入，全力以赴。我們必須拒絕令人分心的事物，遇到瓶頸還是要堅持下去，每一天都要繼續創造，沒有藉口，即使失敗，也不能放棄。

　　如果魔鬼真來插一腳，祂也絕對不是要求許諾的那一個。不管你信什麼，上帝、阿拉、耶和華、佛陀，或宇宙至高力量，當你決心獻身創造，你只能臣服，為其所役。真正的惡，是浪費你的才華。浪費時間才是出賣靈魂。如果我們放棄發明，選擇虛度光陰，個人與世界都不會進步。

　　當詹森來到午夜的十字路口，有個聲音誘惑他：不要練習、不要彈奏、不要創作，不必讓手被琴衍磨到生疼，不必讓指頭被琴弦掐到流血，不用對著空椅子和喋喋不休的醉漢

彈琴，不必再追求完美，不必再練嗓子，不必躺到床上還不斷琢磨歌詞，直到搞定每個字，不必再鑽研你所聽過的每一位偉大演奏家的技巧，也不要投資你的每一個呼吸、清醒的每一分鐘，追求你所謂上天賦予的創造使命。放輕鬆，去哀悼你的妻兒，去休息一下，喝杯酒，打打牌，跟朋友混一混，們可不會沒日沒夜埋頭在吉他和音樂裡。

詹森盯著這份誘惑，然後，他拒絕了。他拿起吉他，到密西西比三角洲，彈奏了六年足以改變世界的音樂，他的音樂是這麼動人，啟發了每一個後繼的吉他樂手，也讓我們到現在仍在討論他。而我們的主題並不是吉他，甚至不是音樂，而是他的故事，活生生地演繹了獻身創造的真義。

如果你全心全意沉浸在創作裡，十字路口早被遠遠拋在後視鏡外，請堅定你的心志。那些說你瘋了，說你是工作狂，你不可能辦得到，你需要多點平衡的朋友、老爸老媽、治療師、同事、前男友、前女友、前夫、前妻……他們都錯了。

如果你還沒有走到十字路口，請抬起頭來看看四周，它就在那裡。站在路口的陌生人正等著，準備給你數不盡不去創造的理由。

而他要求的回報，正是你的靈魂。

4 ｜哈利障礙的兩個真相

據說有一種情況叫做「寫作障礙」（writer's block），使人陷入無法創造的癱瘓狀態，會導致沮喪和焦慮。有些研究人員懷疑，這可能是神經方面的原因造成，有人甚至說是腦抽筋引起。[30] 但是沒有人有足夠證據，證實寫作障礙確實存在。這種說法無可避免地，就如同「啊哈！時刻」一般，被歸類為無法證明的現象。如果你只能在有靈感時創作，靈感不來就無法創作，創作自然滯礙難行。

伍迪・艾倫取笑「寫作障礙」的說法，還以此為名寫了一個劇本。[31] 後來成了他自編自導自演的電影《解構哈利》（*Deconstructing Harry*）。劇中主角哈利告訴他的治療師：「我生平第一次經歷寫作障礙……我從來沒聽過……我開始寫這些短篇故事，卻沒辦法寫完……我一點都進不去小說裡……因為，我拿了預付金。」[32]

伍迪・艾倫會飾演哈利不過是逼不得已，電影開拍前兩個星期，其他演員包括勞伯・狄尼洛、達斯丁・霍夫曼、艾略特・顧爾德、亞伯特・布魯克斯和丹尼斯・哈潑都沒法演。伍迪・艾倫擔心大家會認為哈利是自傳性人物，事實上他正好相反：「他是紐約的猶太作家，我也是，但是他有寫作障礙——這一點絕對不是我。」[33]

寫作障礙讓哈利立刻成不了伍迪·艾倫，因為伍迪·艾倫是同時代——甚至可能是任何時代——最多產的電影創作者。從 1965 年到 2014 年間，艾倫在至少六十五部電影中掛名導演、編劇或演員，通常三種角色兼具。單就劇本而言，艾倫在不到六十年間，寫了四十九套完整的劇情片、八部舞台劇、兩部電視影集，以及兩部短片劇本，平均一年超過一部，何況他還以幾乎相同的頻率擔任導演及演出。唯一一位產量接近的電影創作者，是伯格曼（Ingmar Bergman），他在五十九年內既編又導了五十五部電影，但從來不曾在片中演出。1930 年代工廠攝影棚系統出身的導演，如約翰福特（John Ford），曾經在五十一年內導過一百四十部電影，其中六十二部是默片，但並沒有寫過劇本或演戲。

伍迪·艾倫豐沛的創作力揭開寫作障礙的兩個真相，第一是時間的重要：

> 我從來不浪費任何時間，當我早上步行到某處，我會盤算該思考什麼，有什麼問題需要解決。我會說，今天早上我要來構思片名或標題。我也會利用早上淋浴的時間。我的時間幾乎都用在思考，因為這是解決寫作難題的唯一方法。

寫作障礙的受害者不是不能寫，他或許還能握著筆，還

能按下打字機按鍵，也還能操作文書處理，但是深受寫作障礙困擾的作家無法寫出自己滿意的作品。這種情況並不是寫作障礙，而是「寫出我認為好作品」的障礙。治療方法並不難：那就寫一些你不滿意的作品。寫作障礙是一種必須保持巔峰表現的錯誤心態。巔峰表現不可能永續，顧名思義，那是特殊且難得的時刻。人生總是起起伏伏，最糟糕的作品，是你沒有動手的作品。偉大的創造者不會問自己想不想、有沒有心情、有沒有靈感，他們就是開始工作，持之以恆，而非一時衝動。成功不是一棒揮出全壘打，是持續累積而來。

伍迪・艾倫很早就了解這一點，他曾為電視節目撰寫笑話，他說過：「你不能坐在房間裡等著繆思來取悅你。已經是星期一早上，而星期四就有一場彩排，你一定得寫出來。那真是折磨人啊！但你也因此學會怎麼寫。」還有：

> 寫作一點也不輕鬆，它是痛苦的，非常辛苦，你得拚上老命去做。許多年後我讀到托爾斯泰的一句話：『你的筆必須蘸著血。』[34] 我通常一早起床，就開始埋頭工作，寫了再寫，想了又想，最後全部撕掉，重頭再來。我走的是強硬路線，從不等待靈感，我總是直接動手。你知道的，一定要強迫才行。

寫作障礙跟遭遇瓶頸不一樣。每個人都會有卡住的時

候，寫作障礙的迷思會存在，部分原因是，並非每個人都知道如何脫困。伍迪‧艾倫說：

> 經過這些年，我發現短暫的變化，可以激發心靈產生新的能量。所以如果從這個房間走到另一個房間，對我就有幫助。如果走到街上，幫助更大。如果上樓去沖個澡，那是大大有效。所以有時候我一天會多沖幾次澡。我會待在起居室，腦袋打結時，我就上樓去沖個澡，就好多了。我的公寓最大的一個優點，是有一條長廊，我寫電影時，就在長廊來回踱步了百萬次，真是轉換心情的好方法。

伍迪‧艾倫揭開寫作障礙的第二個真相，證實了內在動機是唯一的動機。靈光乍現是外來的，無中生有，難以捉摸。創造的動力必須發自內在，寫作障礙是在等待，等待一個身外之物，其實是「拖延」的一種比較好聽的說詞。

會產生寫作障礙的一大部分因素，是擔心別人怎麼想。「寫出我認為好作品」的障礙，通常根緣於「寫出別人認為好作品」的障礙。伍迪‧艾倫對別人看法的冷漠，是他創作力如此豐沛的主因，他甚至不在意別人如何看待他的多產，他說：「維持長青是一項成就，沒錯，但我所追求的成就，是拍出一部偉大的電影，幾十年如一日。」

伍迪‧艾倫不僅沒有參加頒獎典禮，他也不讀任何有關他的影評，甚至沒去看自己全部的電影。創作本身，尤其是他從中獲得的滿足，就是他的小金人，「當你實際坐下來寫，就像吃一頓你在廚房忙了一天的飯菜。」

做菜給自己吃，別老為別人服務。

5｜伊隆戈人的智慧

菲律賓群島最大的島嶼是呂宋島，形狀像從馬尼拉伸向中國與台灣的一隻翅膀。東部瑪卓山脈的翠綠山峰高達六千英尺，18世紀以前，山裡保有著一個祕密：一群名為 Abilaos 或 Italons 的原住民，英文稱之為 Ilongots，伊隆戈人。

大約五十年前，伊隆戈人以凶悍著稱。《科技時代》（*Popular Science*）雜誌將他們描述成「野蠻、狡詐、殺人不眨眼、完全無法教化」。伊隆戈人以獵人頭聞名，他們殺害臨近部落的人，把頭顱割下來保存，有時候也取下心肺作為戰利品。[35]

1967年，紐約人類學家羅莎多（Michelle Rosaldo）與

伊隆戈人共同生活了一年。雖然伊隆戈人在 1960 年代已經很少獵人頭了，但仍是代表勇敢的舉動。上一個與伊隆戈人住在一起的人類學家瓊斯（William Jones），去不到一年，便遭到三名，包括跟他同住一個茅屋的伊隆戈人，用刀和矛殺害。[36]

羅莎多發現了伊隆戈文化裡，對於人性的獨特視野。伊隆戈人相信，與人有關的每一件事，都是兩股心理力量交會的結果：bēya，即知識，與 liget，即熱情。成功來自熱情與知識的調和。熱情結合知識，可以帶來創新與愛；而缺乏知識的熱情，會導致毀滅與仇恨。他們相信，熱情存在於人的內心深處，而知識是逐步累積，儲存在腦海。每個伊隆戈人的人生目標，是發展足以將熱情專注於創造公共福祉的知識。獵人頭和其他形式的暴力，是熱情過剩且知識不足造成的後果。

驚訝之餘，羅莎多將伊隆戈人的智慧寫成一本書《知識與熱情》（*Knowledge and Passion*），現在是人類學領域的經典著作。[37]

伍迪·艾倫的故事，以及亞瑪拜耳的實驗，告訴我們的是，熱情很重要，但沒有講出熱情是什麼。伊隆戈人的智慧彌補了這個缺口，熱情是「沒有獎賞的選擇」的極致狀態。

或者說，熱情本身便是獎賞——一種無視於後果的動力，包括沒法睡覺、淪落貧窮、失去朋友、鼻青臉腫，甚至死亡。

這個定義並不新穎。熱情的英文 passion，源自拉丁文 passio，意思是「受苦」。1677 年，荷蘭哲學家斯賓諾沙（Baruch Spinoza）在他的巨著《倫理學》（*The Ethics*）中，將熱情定義成一種負面狀態：任何熱情或情感的力量，可以凌駕人類的行為或力量，以致於情感固執地附著在身上。[38]

斯賓諾沙認為激情與理性是對立的，是會導致瘋狂的力量。法國哲學家笛卡爾的看法不同：「我們不能被情感誤導，因為情感與靈魂是如此接近，除非情感如同你所感受的一般真實，否則難以辨識。即使當我們進入夢鄉，我們也無法感受悲傷或其他情緒，除非原本就蘊含在靈魂裡。」[39] 或者說：熱情乃靈魂之音。

這兩種對於熱情的定義纏鬥不休，直到 20 世紀，正面觀點占了上風。然而熱情一定是好的嗎？伊隆戈人已經告訴我們答案，熱情是一股強大的力量，如果沒用對地方，反而有害。

6 | 熱情有點像上癮

伊隆戈人和被獵去人頭的受害者都了解，熱情若非用於創造，則易被用於毀滅。我們都有創造的能力，而無論找到沒有，我們都擁有熱情。未能實現的熱情，會在我們的現狀和未來之間留下一個縫隙，逐漸被毀壞與絕望侵蝕的空虛，使我們停滯不前，總是被「當初該做而沒做」絆住。如果我們不曾勇於追求夢想，夢想將反成為夢魘，在身後追逐不休。未能實現的熱情，是孕育毒癮和犯罪的溫床。

勞倫斯（Daquan Lawrence）在波士頓附近的羅斯伯瑞的青少年感化中心度過十六歲生日。他的雙親都有毒癮，祖母查勒絲塔在他五歲時，將他從家裡救出。他十三歲時第一次因在街上買賣大麻及吸毒被捕，那一帶是波士頓的問題社區，名為麻塔畔。勞倫斯的童年餘光就一所監獄換過一所中度過，大家都知道，包括他自己，原因是吸毒累犯和麻煩製造者。[40]

在監獄度過十六歲後不久，一個瘦得跟竹竿一樣的陌生人來到感化院，名叫傑布森（Oliver Jacobson）。他帶了一個很重的黑盒子來到感化院的職員室。勞倫斯從門縫害羞地盯著他看，傑布森打開鋼琴，用一條條電線接上麥克風、鍵盤、音響和耳機。

受到傑布森的鼓勵，勞倫斯靠近麥克風，唱起饒舌歌曲。所有看到這一幕的人都不敢置信，勞倫斯，這名前科累累，幾乎沒救的年輕毒犯，竟然可以把嘻哈節奏表現得渾然天成。他唱饒舌歌猶如行雲流水，拍子、曲調恰如其分。他運用一些詩的技巧，從押韻和反覆，到諧音與頭韻，即興，或者說，自由創作：

It's the strive from inside that reveals the pride,
But the message from the sky that shows me the guide,
We are leaders, overachievers,
Stuck once in the vision and precision of believers,
Keep looking up to the sky, you keep flowin',
Never stop in the dark, you are glowing.

　　勞倫斯花了幾個月和傑布森一起寫歌，他第一次找了一份工作——挨家挨戶推銷的能源公司業務員，以支付表演學校的學費。他通過綜合教育發展測驗，取得高中同等學歷證明，並開始期望上大學。他告訴《波士頓全球報》：「藝術教會我，人生要有方向，有目標，做最好的自己。感覺自己每一方面都有活力，我現在覺得，我的感受是真實的，充滿意義。」

勞倫斯的故事並不罕見。雖然有些饒舌歌手成了罪犯，但更多曾經犯罪的人變成饒舌歌手，或其他類型的音樂家、作家、演員、藝術家或某種發明家。1985 年，一名十七歲的古柯鹼毒犯卡特（Shawn Corey Carter）與哥哥為了珠寶發生爭吵，拿了一把借來的槍，開槍射擊哥哥。1999 年他被逮捕，並且因為在紐約一家夜總會刺傷他人腹部的罪名受審，卡特認罪，獲判三年緩刑，這是他人生的轉捩點。他說，「我發誓再也不讓自己淪落至此。」今天的卡特，有另一個響亮的名字，饒舌歌手 Jay-Z。2013 年，累積二十年成功的音樂成績和事業發展，他的身價高達五億美元。

　　音樂把孩子從犯罪邊緣搶救回來，全世界有不少例子。以色列有一個「音樂是答案」的計畫；澳洲的兒童音樂基金會有個「弱勢兒童計畫」；勞倫斯的音樂老師傑布森是美國非營利機構「純真之聲」的志工；英國則有一個艾琳泰勒信託慈善機構，成立「獄中音樂」課程。艾琳泰勒信託表示，犯人參與課程時，犯罪機率會降低 94%，課程結束後，犯罪機率降低 58%。這些數字言過其實，資料稀少不說，研究也不嚴謹。如果上幾個月的音樂課，就可以揮別犯罪生涯，那未免太容易了。勞倫斯開始創作音樂幾年後，仍然繼續買賣毒品，也因此再度被捕。不過從好的一面看，可以證明，創造越多，破壞越少。

我們很容易認為熱情是正向的，而成癮是負面的，其實它們造成的結果很難分辨。成癮造成破壞，熱情幫助創造，這是兩者唯一的差異。1950年代，布魯克道奇棒球隊的喬治「獵槍」舒巴（George "Shotgun" Shuba），在退休後，有一天與體育作家卡恩（Roger Kahn）坐在他家的地下室，一邊喝酒，一邊談論球賽。舒巴敘述小時候練習揮棒，是在後院吊一段打結的繩索，用加了重量的球棒擊打。然後，年邁而微醺的舒巴站起來示範，他從牆上的箱子拿出一支灌了鉛的球棒，把舊繩結當棒球打。卡恩描述當時的情景：

> 漂亮的揮棒，他輕哼一聲，把棒子擊向一團繩結，平揮出去，球棒劃破空氣，發出嗡嗡作響。舒巴再次揮棒，控制良好且力道奇大。這是我近距離看過力道最大的揮棒。
>
> 我說，「你真是天生好手。」
>
> 「啊，」舒巴說，「你講話真像個棒球作家。」
>
> 他拿出檔案夾中的一張圖表，上面畫了許多X。
>
> 「冬天時，」他說，「十五年來，在裝卸馬鈴薯或其他的事情結束後，包括還在大聯盟的時期，我會揮個六百下。每個晚上，我每揮六十下就打一個X，十個X就是六百下，然後我就可以睡覺了。」[41]

舒巴揮棒的祕訣，便是心理學家格拉瑟（William

Glasser）所說的「正面成癮」。[42] 舒巴熱愛棒球到成癮的程度，如果沒有揮棒六百次就睡不著覺。他的癮，或說熱情，成為他的職業。

無論以何種方式，你的熱情會尋找出口，請將它轉化為創造的勇氣。

7 ｜ 動手就對了

熱情的建構必須有程序。伍迪・艾倫有一抽屜的紙條，其中許多是從火柴盒與雜誌角落撕下來的，寫著各種可能：

> 我會從這些小紙片和寫在旅館物品上的筆記開始，然後我會，你知道的，好好思考斟酌這些點子。把這些紙條拿出來，像這樣撒在床上，我經常這麼做，每一次開始一個寫作計畫，我會像這樣坐在這裡，然後仔細看。這裡一張紙條寫著「一個人從大魔術師哪兒繼承所有魔法」，我現在只有這一點想法，但我知道這後頭有故事，一個跟我一樣的傻子從拍賣會上，或者在某個機緣之下買到這些魔法，還有箱子、斷頭台這些東西。走進這一個個世界，讓我有一種探索的樂趣，可能突然出現在某個時空、某個國家或地方。我會花一個小時來想，如果

沒能繼續發展,我就前往下一個世界。[43]

對創造來說,最具破壞力的三個字是「開始前」。

奧斯卡最佳編劇考夫曼(Charlie Kaufman)這麼說:「要開始了,要開始了,要怎麼開始呢?我餓了。我應該準備一杯咖啡,咖啡有助於思考。我應該先寫一點東西,再用咖啡犒賞自己,咖啡和一塊瑪芬蛋糕。OK,我必須建立主軸。還是香蕉核桃口味好了,這塊瑪芬真不錯。」[44]

我們在開始前,唯一會做的事,就是遲遲沒開始。或許是一塊香蕉核桃蛋糕、一個比較整齊的襪子抽屜或一袋新文具,都一樣,沒有開始,就像掛掉的汽車引擎,半天都發動不起來。除了拒絕別人的誘惑之外,我們也要拒絕自己的誘惑。

開始最好的方法,跟在海裡游泳一樣,不要踮腳,不用涉水,直接跳下去就對了。讓全身浸入海水,從頭涼到腳,吐出口中的鹹水,撥開額前的頭髮,雙手不斷划水,感受寒冷逐漸離去。不要回頭看,也不要多想,向前游就對了。

最重要的是,你準備了多少胚土。盡可能多花一些時間,盡量每天都做,直到做不動為止。

第一次做，會感覺到處都不對勁。我們不習慣開始，不知道最後結果會如何，我們習於幻想，卻從來沒有沒有實際動手。第一次的成果，通常錯的比對的多，缺點比優點多，一堆問題，沒有解答。沒有哪一次新嘗試是好的經驗，但好的事情一定要有開始。每件事都可以修正、刪除，稍後重新再來一次。創造的勇氣，是面對不好的開始。

俄國作曲家，也是 20 世紀最偉大的創新者之一史特拉文斯基（Igor Stravinsky），每天早晨都會彈一首巴哈的賦格曲，作為一天的開始，數十年如一日。然後展開十小時的工作，午餐前作曲，午餐後編曲，抄寫樂譜。他並沒有等待靈感降臨：他說：「如果一開始沒有靈感，工作會帶來靈感。」[45]

儀式可有可無，但持之以恆絕不可少。創造需要長時間的專注投入，時間是主要的材料，所以請使用最高品質的時間來進行創造。

剛開始，做一小時就覺得辛苦。我們的大腦有五分鐘之癢：伸展一下，拿杯咖啡，看一下 e-mail，摸摸小狗。我們急迫地開始一項研究，卻在察覺之前，已經偏離主題，逛了三個網頁，還記起《天才老爹》（*The Cosby Show*）裡寇斯比的太太叫什麼名字（是克萊兒），或者知道了長頸鹿的叫

聲（長頸鹿通常不會叫，但牠們有時候會咳嗽、咆哮，有時候還會發出咩咩、哞哞或喵喵的聲音）。這是我們發給自己的糖果。

干擾會破壞專注的成果。科學家明確地指出工作中斷的破壞力，很多實驗都顯示同樣的結果：干擾會影響進度。[46]無論中途被打斷的時間有多短暫，重新回到工作需要耗費更多時間。這種干擾使得犯錯增加一倍，讓人生氣、焦慮，而且影響無分男女。多工無益於創造。

很不幸的，干擾也會成癮。我們生活在一個充滿干擾的文化中，我們都被制約對干擾上癮。拒絕這種上癮！多說不，少些癮。我們的心智如同肌肉，開始時軟弱，但可以鍛鍊。我們越專注，心智就越強健。熬過困難的第一個小時，之後幾個小時便不困難了。不僅可以工作幾個小時，不做還會覺得不對勁。改變發生了，你變得對專注上癮，而不是干擾。

當我們坐下，想要開始寫小說、科學報告、美術作品、專利、詩句或營運計畫，往往覺得難以下筆——那也要我們能提起勇氣坐下來再說。了解這是創作過程自然且正常的一部分，會讓我們稍感心安，卻不會對創作有任何幫助。我們環顧四周，尋找靈感，這樣做是對的，奧妙總是藏在我們看不到的地方。當我們嫉妒他人完美的作品，並沒有看到，或

看不到,那些被丟棄、失敗,以及不夠格的作品。即便我們回顧自己的經驗,也往往忘了這點。看著完美的成品,我們不應該把它放上神壇,應該放在一大疊寫壞的草稿上。已經揉成一團或撕成碎片的草稿,有些寫得真的很糟,活該被扔到垃圾桶,但這些垃圾並不是失敗,它們是締造完美的基礎。

最強大的創造力不是來自人類,而是人類的創造者。我們可以向造物主學習,要稱之為上帝或演化都行,造物主是無可否認的冷血編輯。祂摧毀幾乎所有自己創造的事物,手段包括死亡、絕種,只挑選最好的留下。創造即是揀選。

每件事,不論自然或文化,都經歷過同樣的創造過程。每一顆桃子、每一座果園、每一片屋頂,如同每一件成功的藝術、科學、工程或商業行為,以上千個失敗及毀滅為代價。創造是揀選、重複與拒絕。

好文章其實是修改得很好的壞文章;好假說是許多失敗的實驗去蕪存菁的結果;烹調美食要經過揀選、切、刨、去殼等步驟;好電影剪掉的鏡頭往往比留下來的多。要成功駕馭創新的藝術,我們必須能自由地失敗,經常地失敗。空帆布不能一直留白,我們得大膽塗色。

我們做出來的成品總是很差,至少不甚如人意,這很正

常，我們要學著處之泰然。當我們開始發明，或創造，或孕育，一旦開始嘗試創新，我們的腦袋裡會充斥著擁護現狀的聲音，阻攔不了的審查糾舉，還有喋喋不休的批判。這些大部分我們都很熟悉，他們代表過去、現在和未來的一群搗亂者、裁判、投資人、評審人員，是我們的演化本能創造出來的幽靈，讓現狀得以維繫，一切有條不紊，讓我們不致於陷入新事物帶來的混亂和破壞裡。

這些虛擬人物——當然，都是我們自己的化身——應該受到歡迎，而不是拒絕。他們很重要，而且很有用，只是來得太早。嚴格評斷的時間——他們上場的時刻——應該要晚一點。在這個階段，先把他們請到腦海裡的等候室稍待片刻，直到需要編輯、評審與修改時再上場。否則他們不但讓我們舉步維艱，還會使想像力枯竭，聽這些唱反調的聲音會消耗非常多元氣，我們需要元氣應付眼前的任務。

有一種啦啦隊也一樣有破壞力。有時候內在的批判聲音，會被引誘我們追逐名利的啦啦隊取代。這群啦啦隊幻想我們寫的第一首爛詩可以帶來一棟豪宅；當我們還在草擬科學報告的題目，他們已經在幫我們寫諾貝爾獎的感謝詞；我們才寫出小說的第一頁，他們就在排演日後上節目專訪要講的小故事。這些聲音認為，我們所有的創新嘗試，甚至尚在醞釀中的，都很完美。同樣請他們到房間裡安靜等候。

我們第一次的創作幾乎不可能很好，但也很少很差，很大的機會就是普普通通。第一個作品最大的功德，就是打破空白。像是陰暗沼澤裡的一線生機，因為是一個開端、一個起點，所以格外美麗。

開始是困難的，但持續更難。世界的抽屜裡，塞滿了各種半途而廢的東西，沒畫完的草圖、某個發明零件、不完整的產品構想、寫了一半的假說、放棄的專利、殘缺的手稿。創造是單調的，無數個清晨與深夜，努力把內在的批評和懷疑擋在外頭，長時間投入一件最後可能失敗，而被刪除或抹掉的工作。如此經年累月，日復一日，看不到進展。渴望光鮮亮麗的生活的人，不應該從事藝術、科學、創新、發明或任何求新的領域。創造是一個漫長的旅程，到處都是錯誤的轉彎和沒有出口的死巷。

然而，挺過開始的艱辛，深入看不到盡頭的道路之後，有些東西開始成形。在失敗的十個原型、一百個實驗或一千頁文字之後，就有足夠的資料可供揀選。轉輪上的胚土終於可以不僅是新作品，還有機會成為好作品。

這時候，就可以把那些一直敲門的現狀擁護者、內在的評審和裁判放出來，他們已經摩拳擦掌很久，準備用跟爪牙一樣銳利的藍筆大肆攻擊。讓他們盡情吵鬧，讓他們嚴苛地

檢視資料、手稿或草圖，砍掉多餘的枝節。揀選是一個血淋淋的過程，投注幾個月的心血結晶，可能瞬間化為烏有。

這是最困難的階段。我們的作品是時間、夢想和行動的產物，放棄一個想法，感覺就像失去一條手臂。但這是必須的，而且也沒那麼嚴重。獸群必須適當減少數量，否則可能絕種。任何新作沒有經歷過痛苦的揀選，也可能面臨相同命運，無法通過同儕審核，無法生產、申請專利、展覽或發表。這個世界對創作總是比我們自己更不友善，無情的篩選可以減少麻煩。

當一切騷動平息，只留下最好的作品，這時又要重來一遍。「維持現狀，這樣就夠了」這樣的聲音必須撤退，讓嚴選留下的作品能再生並發展成第二份草稿、另一個原型、改過的實驗、重寫的歌曲，比前一版更有力、更恰到好處。

如此重複循環，沒有尤力卡或靈光一閃。創新是除去所有失敗之作，存留下來的成果。唯一的途徑是接受我們創造的衝動，以及維持現狀的渴求，平衡兩股動力為己所用。創新之道，或者快樂之道，並非新或舊任何一方的絕對勝利，而是求取兩者的平衡。鳥兒並沒有對抗地心引力，或被綁在地上，牠們利用重力飛翔。

8 ｜ 釋放你的天賦

　　如果可以少做，為什麼要多做？伍迪・艾倫也想過這個問題：「為什麼要選擇這麼累人的工作？你催眠自己有充分的理由，過一個辛勤工作與奮鬥的人生，讓事業或藝術精益求精。我的企圖或自詡——我可以自在地承認——我不是為了獲得權力，我只想做出能讓眾人歡樂的作品，而且卯足了勁去做。」[47]

　　新，有別於舊，差異造就出創新。我們創造的成果，是來自基因與環境塑造出屬於個人的特色，以及真正的自我。我們帶著各自的天賦，為世界增添不同的色彩。每個父母都知道自己的孩子是獨一無二的，天分、氣質、習性都不同，我家老大還不會走路時就喜歡雪，老二卻不肯玩雪球，只哭著要喝奶茶。他還不到兩歲，有多少人兩歲之前會喜歡奶茶而不要雪球的？有些東西是先天的，不管這世界上有多少億人跟你呼吸一樣的空氣，你身上就是有些特質，前無古人，後無來者，僅你獨有。這些天賦應該被釋放，而不是浪費。

　　我們或許不會寫交響樂或發明科學原理，但每個人身上都有「創新」的本能。我在洛杉磯的老家附近有一家烘焙坊，很小，不到四十張椅子，2000 年左右一位名叫安妮・米勒（Annie Miler）的女性開設的。安妮是烘焙師傅，她會做藍

莓瑪芬、奶油布朗尼,以及烤起司三明治。餐廳的裝潢很有藝術品味,個性十足。牆上掛滿安妮成長過程的照片,剛開始是一個紅髮小女生,害羞地展示一個古早味蛋糕;最後你會看到她在餐廳開幕當天,與所有同伴的合照。安妮的餐廳加強了社區的向心力,左鄰右舍會來串門子,摸一摸彼此養的狗,坐在櫃台前聊天。她總是隨季節變換當季不同的水果塔和湯品。大家常常到她店裡展開新的一天,進行第一次約會,或者紓解生活的苦悶。

安妮的餐廳聽起來好像是你熟識的地方,有許多像安妮一樣的人,開了各種精緻的小店,咖啡店、花店、熟食店,還有成千上萬的社區小店,提供遠比連鎖店,或一個模子印出來、毫無特色的商店,更加多彩多姿的產品與服務。它們的新穎和獨特,正是創業者自身的新穎和獨特的寫照。

學習伍迪‧艾倫和安妮‧米勒,讓熱情成為你創新的動力來源。

CHAPTER 8

「證明給我看」
是創新組織的最高原則

1 | 凱利的臭鼬工廠

　　1944 年 1 月，伯強（Milo Burcham）悠閒地走進加州莫哈維的小型機場，爬上一架名為「露露貝兒」（Lulu Belle）的飛機。[1]露露貝兒看起來像一隻昆蟲：亮綠色的機身，機翼粗短，沒有螺旋槳。一群裹著大衣的男人，屏息等待。伯強發動引擎——英國「哈維蘭小妖精」（de Havilland Goblin）噴射引擎，還是當時唯一一具——他淘氣地瞥了圍觀群眾一眼，然後加速直奔天際。當時速到達五百二十英里，他驟然降低高度，朝地面群眾飛來，距離近到可以看到他們吃驚的臉。當伯強安全降落並打開駕駛艙，群眾仍然目瞪口呆。他從座艙中走出來，壓抑住勝利的笑意，帶著「不過在公園散散步」般的招牌微笑，此時觀眾熱烈喊叫著向他湧來，圍著他歡呼鼓掌，一副從來沒見過飛機的模樣。伯強笑得合不攏嘴。這是露露貝兒的首航，過去美國從沒有一架飛機可以飛這麼快！

　　露露貝兒的正式名稱是「洛克希德 P-80 流星」（Lockheed P-80 Shooting Star），美國第一架軍用噴射戰鬥機[2]。這天距離萊特兄弟在吉特赫克的首次飛行已經四十年，而距離 P-80 構想的提出，僅僅一百四十三天。

　　如果創造最好由個人出自內在動機與自主選擇來進行，

那麼創新團隊是怎麼運作的？有人可以建立起具創造力的組織嗎？二次大戰戰火正熾時，負責製造 P-80 的團隊面臨一個難題：建造一架可以飛的噴射機，而且動作要快，這是攸關人命的急迫任務。1943 年英國密碼破解人員發現一個可怕的情報：希特勒的工程人員已經製造出最高時速六百英里的噴射機，名叫「梅塞施密特 Me262 飛燕」（Messerschmitt Me 262 Schwalbe）或「燕子」，即使攜帶四具機關槍、火箭炮，必要的話還有炸彈，仍然靈敏易於操控，而且正在量產，到 1944 年初歐洲恐怕要傷亡慘重。納粹軍隊正準備打贏這場新形態的戰爭——空中戰役，運用早幾年還難以想像的新技術。

帶領團隊對抗燕子噴射機威脅的人，是名叫強生（Clarence Johnson）的工程師，大家都叫他「凱利」。強生的難題，不僅止於這項挑戰的急迫性和複雜度——美國確定德國間諜正在監聽政府通訊。強生必須用舊箱子與從馬戲團租來的帳篷，建造一個祕密實驗室，隱藏在洛克希德公司在加州柏班克工廠的風洞旁。他不能聘請祕書或警衛，底下的工程師不能透露他們的工作，即使對家人也一樣。有個工程師給這個地方取了一個綽號「臭鼬工廠」，典故出自流行連環漫畫《Li'l Abner》，裡頭一家用臭鼬和皮鞋一起榨油的工廠。這個名字一直到戰爭結束，祕辛曝光後，漫畫出版社要求洛克希德改名才停用。不過從那時候開始，負責洛克希

德尖端開發計畫的部門就被暱稱為「臭鼬工廠」。

　　強生面對的情勢看似嚴峻，結果卻柳暗花明。他發現，一支獨立、有強勁動機的小型隊伍，是最佳的創造團隊。美國軍方給強生的團隊六個月時間，設計美國第一架噴射戰鬥機。他們用不到五個月的時間，P-80 是臭鼬工廠設計的第一架飛機，之後他們又發明超音速 F-104 星式戰鬥機、U-2 偵察機、飛行速度達三倍音速的黑鳥偵察機，以及可以躲避雷達偵測的飛機。除了製造飛機以外，強生還創造了另一樣東西──使命必達的模範組織。

2 ｜證明給我看

　　強生從 1933 年開始在洛克希德工作，當時不過是家生產五種引擎的小型飛機製造商，破產後經過重組，必須與另外兩家規模大很多的對手──波音與道格拉斯，辛苦地競爭。強生在洛克希德上班的第一天，差一點成了最後一天。他被僱用的原因部分是，他就讀於密西根大學時，曾在大學的風洞協助測試洛克希德的新型 10 Electra 全金屬飛機。他的教授愛史多克（Edward Stalker），也是密西根大學航空工程系主任，給新飛機出具了一份好報告，但強生不同意他的意見。這名二十三歲，剛拿到航空學碩士的年輕人，在洛

克希德的工作是畫草圖，還不夠格當工程師。他在公司裡說：

> 我必須說，公司重組後設計的第一架新飛機，也是大家
> 未來希望之所繫，並不是個好設計，實際上不穩定，
> 也不牢靠。這不是傳統上開始一段僱傭關係的方式，其
> 實，我這樣批評教授和資深設計師實在太放肆了。

今天很少有公司員工做這樣的舉動，會有助於他的職業
生涯，1930 年代更是鳳毛麟角。但後來發生的事，可以解
釋洛克希德會成功的原因。

強生的上司席巴德（Hall Hibbard），是洛克希德的首
席工程師，他從麻省理工學院拿到航空學位，無論今昔，麻
省理工學院都是世界頂尖的工程學府。他想要所謂「年輕新
血輪」的加入——剛踏出校門，有新觀念的新人。席巴德說：
「當強生告訴我，我們剛送去大學風洞測試的新飛機並不好，
各方面都不穩定，我有些措手不及。當下也不確定我們是否
應該僱用這個人，但後來我往好的角度想，畢竟他從一所好
學校畢業，看起來也很聰明，所以我就想，我們試看看吧。」

席巴德沒有因為強生的莽撞開除他，反而給他第一次出
差的任務：「凱利，你既然批評這份兩位知名專家做的風洞
報告，要不你回去一趟，看看能不能做什麼改善？」

強生把一個模型放在車後座，開了兩千四百英里到密西根。他在風洞測試了七十二次，直到他用一個特殊的雙尾翼，中間空無一物，兩側各有一片尾舵，解決了這個問題。

　　席巴德對這個新想法的回應是，連夜寫了一封信給強生：

親愛的強生，

你得原諒我的打字，因為我今晚在工廠裡寫這封信，而這部打字機實在不好用。
你可以想見，當我們收到你的電報，說明你的新發現，以及解決方法如此簡單，我們有多麼歡欣鼓舞。這顯然是很重要的發現，而且你應該是第一個找出問題和解決方法的人，實在太好了。無須多說，這些修改很容易，我想我們不會立刻著手進行，等你回來再說。
好，我想我先寫到這裡。等你回來，一定會感到驚喜。
一切進行得十分順利。

誠摯的友人
席巴德

　　當強生回到洛克希德，他發現自己已經升職了，成為洛

克希德第六位工程師。

臭鼬工廠的故事，美國第一架噴射戰鬥機、超音速飛機、隱形技術，以及任何後續發明，都以這一個行動為起點。幾乎在任何公司或任何主管，強生早已被轟出辦公室，甚至可能丟了工作。席巴德的本能反應也是這樣，但席巴德有一個稀有的特點，他擁有足夠的智識安全感。

擁有足夠的智識安全感，就不需要向旁人證明自己有多聰明，他們講求實證經驗，注重事實真相。智識安全感不足的人才需要對眾人展示聰明才智，他們總是自我中心，追求勝利。

智識安全感與智能無關。比較會動手的人，通常比會動腦的人有智識安全感，他們有自知之明，也能欣賞比自己懂更多的人。才華洋溢的人通常智識安全感也高——基於同樣的理由。

我們的智識安全感一般稍嫌不足，既不是毫無智識，也非天縱英才。不僅因為我們是普羅大眾，我們也是最可能成為主管的一群。善於動手的人，對管理職務的興趣不會比諾貝爾獎得主來得高。因此，大部分的經理人和高階主管智識安全感都不高。席巴德很特別，而且天時、地利兼具。

席巴德聽到新進員工的大膽狂言，說新飛機是個瑕疵品，他的回應十分完美。主管最有力的一句話就是「證明給我看」。

菲力普提（Frank Filipetti）是許多知名樂團與歌手的製作人，包括外國人合唱團（Foreigner）、吻合唱團（Kiss）、芭芭拉‧史翠珊、喬治‧麥可和詹姆斯‧泰勒。他用「證明給我看」來管理錄音室裡的創意衝突：

> 創作過程通常都是在處理與自我有關的問題，我的原則是：我從不去爭執或討論這首曲子聽起來如何，我會讓他們坐下來，告訴我在第一段合唱放進這些背景聲為什麼不合適，他們會用三十分鐘仔細解釋，你只需要再播放一次，你就會聽到。再多播幾次，每個人都會同意他們聽到了。但他們會坐在那裡，繼續爭論還是應該拿掉。你不斷理性地解說，直到臉色發綠，最後出來的結果，有時候會讓你滿驚訝的。很多次我覺得自己絕對正確，但是我再仔細聆聽，只好承認，「那聽起來確實很不錯。」一旦你說出，「我們就這麼做吧！」每個人頓時有了相同的默契，感覺真的很棒。大家都把自我意識擱在一旁。[3]

席巴德的信，相當於一句「那聽起來確實很不錯」，對

強生來說意義非凡，他終生保留著這封信。

3 | 說實話的人

　　1960 年 11 月，賈蘭博（Robert Galambos）弄懂了一件事，他大聲叫出來：「我知道大腦怎麼運作了！」[4]一週後，賈蘭博向共事十年的主管里歐奇（David Rioch）提報他的想法，會談結果不佳，里歐奇並沒有說「證明給我看」。相反的，賈蘭博的想法讓里歐奇很生氣，他命令賈蘭博不得公開談論或撰寫這個主題，並預言他的事業就要完蛋。後來發展也差不多，幾個月後，賈蘭博另謀他就。

　　這兩人都是馬里蘭州銀泉市華特里德陸軍研究院的神經科學家，他們共事長達十年，致力於研究大腦如何運作和修復。他們和團隊聯手讓華特里德成為世界最受敬仰、最傑出的神經科學中心之一。賈蘭博當時四十六歲，不僅是有成就的神經科學家，也相當知名。當他在哈佛擔任研究員時，與格瑞芬（Donald Griffin）合作，首度證明蝙蝠使用回音定位，在黑暗中也看得見這項激進的發現，當時並沒有立刻被專家們接受，現在卻被視為理所當然。雖然有這樣的淵源，還有長期的成功共事基礎，里歐奇仍然為了賈蘭博的新觀點要求他離職。六個月後，賈蘭博離開了華特里德。

賈蘭博的想法很簡單，他假設一種名為「神經膠」（glia）的細胞對腦部功能有重要的作用。腦部細胞中有40％是神經膠，但是在 1960 年時，一般認為神經膠除了把其他比較重要的細胞聚合在一起，提供支持和保護之外，沒有其他用途。這樣的假設反映在名字上：glia 就是希臘文「膠水」的意思。

　　里歐奇對賈蘭博想法的質疑，可以追溯到 19 世紀一位西班牙人卡哈爾（Santiago Ramón y Cajal）。卡哈爾是得過諾貝爾獎的科學家，現代腦神經科學發展的核心人物。1899 年左右，他發現一種特殊形態的電激細胞是大腦功能的重要單位，他將這種細胞命名為「神經元」（neuron），源自希臘文的「神經」一詞，後來成為知名的「卡哈爾神經元學說」。1960 年之前，該領域人人信奉這套學說。至於神經膠，名字已經說明一切——就像卡哈爾之後的大腦研究，被稱為「神經科學」（neuroscience）。賈蘭博認為神經膠在大腦運作中扮演同等重要的功能，挑戰了包括里歐奇在內的每個神經科學家畢生的信仰，同時動搖神經領域的根基，還有引發革命，威脅神經帝國之虞。里歐奇感受到這個威脅，因此要賈蘭博閉嘴。

　　這次衝突過後，賈蘭博的想法逐漸被接受，科學家不再因為對神經膠有不同看法而被炒魷魚，反而可能被拔擢。越

來越多證據顯示，賈蘭博是對的，神經膠對大腦訊息的傳遞與交流扮演重要角色。它分泌一種液體，雖然目的還不清楚，但可能對腦部疾病如阿茲海默症具有關鍵的影響。一種星狀膠細胞（astrocytes），傳遞訊息的能力可能比神經元更敏銳。在賈蘭博與里歐奇衝突的五十年後，一份科學研究期刊才下了結論：「神經膠最重要的功能很可能現在還意想不到。」[5]

本篇的重點，並不在賈蘭博最終成為正確的一方。組織運作不應如此，優秀、新穎的想法應該受到鼓勵。賈蘭博和他的發現原本可以為豐富的研究機會開闢一片新沃土，沒料到，關於神經膠與大腦如此重要的發現竟被耽擱了數十年。我們至今還在探索的知識，早在 70 年代就露出曙光。所以，為什麼像里歐奇這樣的傑出科學家，會被另一位同樣傑出的科學家如賈蘭博的想法所觸怒？

問題並非出在里歐奇，里歐奇的故事很尋常，幾乎是每一個組織不時上演的情節。強生的遭遇才是特例。這兩人正是管理學家道恩斯（Larry Downes）與努恩斯（Paul Nunes）所謂「說實話的人」：

說實話的人真正著迷的是解決重大問題，他們會滔滔不絕地向你鼓吹他們的觀點，也因此很少會在一家公司待很久。他們不是模範員工，他們只服膺於長遠的利益，

而非下一季的損益。他們可以告訴你接下來會發生的事，但不一定能指出何時或如何發生。說實話的人往往有點古怪，不容易管理。他們說的話與常人不同，他們不談漸進式改變，更不善於禮貌的商業腔調。在組織裡要找出這群人不容易；學習了解他們，進而欣賞他們的價值，更是不容易。[6]

說實話的人有點像組織裡的神經膠細胞，長久被忽視，卻是再生不可或缺的元素。他們可能不是很受歡迎，實話總是讓人發窘、不被喜愛，說實話的人也一樣。

我們在談論排斥時說過，觀點的衝突與人類的天性息息相關。創新組織的特徵，便是比一般組織更能接受新的想法。創新組織不會排斥觀念的衝突，而是去面對和解決。然而，大多數組織並不像洛克希德，而是華特里德。大部分說實話的人的下場也不像強生，比較像賈蘭博。我們並非生在一個歡迎偉大思想的世界。偉大的思想也是重大的威脅。

4｜動作快，少說話，要準時

強生的座右銘是「動作快，少說話，要準時」。當他被要求建造美國第一架噴射戰鬥機時，這句座右銘格外重要。

露露貝兒不但比其他飛機飛得快，她的設計與發展過程也領先群倫。她必須辦到，因為自由世界的未來就靠她了。

二次世界大戰期間，飛機的速度雖然加快了，卻遭遇一個神祕的瓶頸：每當時速達到每小時五百英里，飛機就會失控或解體。洛克希德第一次碰到這個問題，是 P-38 閃電戰鬥機，攻擊力強大，曾被德軍稱為「雙尾翼惡魔」，日軍則形容它是「一個駕駛，兩架飛機」。有幾位洛克希德試飛員駕駛 P-38 時，在時速超過五百英里時墜毀，洛克希德最好的試飛員之一李維爾（Tony LeVier）說，當飛機到達這個速度時，感覺好像「有一隻巨人的手用力搖晃飛機，讓飛行員無法操控」。問題嚴重到無法藉由實驗解決，高速駕駛時，模型飛機會劇烈震動到可能讓風洞受損。

正當強生與他的團隊正在了解問題時，他們收到一個警訊：納粹已經找到解決方法。

1939 年 8 月 27 日，二戰爆發的前四天，一架亨克爾 He178 噴射機從德國北方海岸的羅斯塔克起飛，成功飛越波羅的海。He178 名噪一時，因為它沒有螺旋槳，而是搭載其他飛機從來沒有的噴射引擎。

飛機在空中產生波，波以音速前進，飛機飛得越快，波

越密集，直到開始融合。在飛航動力學中，這種融合稱為「壓縮性」。壓縮性在飛機超過時速五百英里時，會形成一道阻力牆——除非飛機有螺旋槳。

噴射引擎將空氣推過一個漏斗狀的空間，當空氣從引擎後端被擠壓出來，會產生同等的反作用力將飛機向前推動。噴射飛機不是飛進阻力牆裡，而是把牆推開。德國新型的噴射動力梅塞施密特—— He178 的後繼者，將有能力擊敗、甚至摧毀空中每一個敵手，除非盟軍也能開發出一架噴射戰鬥機。

強生在得知 He178 的情報後，一直希望能為美國陸軍航空隊（美國空軍的前身）建造噴射機，但美國陸軍航空隊要他讓現有的飛機飛快一點就好。好一段時間後，當他們發現德國即將推出噴射動力的梅塞施密特，美國空軍將領才明瞭，建造一架噴射機，才是讓飛機飛快點唯一的方式。

當時英國已經開發出噴射引擎，但加裝到現成的飛機上卻無法奏效。要搭載噴射引擎，需要全新的飛機。於是，1943 年 6 月 8 日下午一點三十分整，美國陸軍航空隊給了洛克希德一紙合約，只給一百八十天，建造一架噴射戰鬥機。

即使是強生也沒把握完成這項挑戰。洛克希德當時日排

三班，只休週日，一天同時趕製二十八架飛機，已經沒有多餘工程容量及額外空間，設備使用也達飽和狀態。洛克希德總經理葛洛斯（Robert Gross）跟強生說：「這是你帶給自己的任務，放手去做吧！但你要自己籌組工程部門、製造人力，並且釐清這個計畫的歸屬。」

這些看似不可能的條件和限制，卻造就了一個創新組織的典範。

強生認為工程師應該盡可能貼近這項任務，所以他以洛克希德沒有多餘產能為藉口，建立一個扁平的組織，在他的團隊裡，設計師、工程師與技術人員，彼此可以直接溝通聯繫，無需經過主管或行政人員的層層扦格。

缺少多餘的空間，以及高度機密的要求，讓強生有理由建立一個孤立、與世隔絕的組織。沒有閒雜人等可以進入臭鼬工廠用包裝箱和帳篷搭建的「建築物」裡，如此不僅可以讓計畫進行不受干擾，還有額外的好處：共享機密與獨立的工作環境，讓團隊產生獨特的凝聚力。

帳篷裡面，有一個行事曆，寫著一百八十天倒數計日，提醒每個人注意創造最寶貴的資源：時間。

計畫越接近尾聲，遭逢的挑戰越大，幾乎沒有暖氣的臨時工廠，以及比往常酷寒的冬天，一半的團隊成員因為工作負荷過大病倒。他們必須在沒看到引擎的情況下建造飛機——引擎已經從英國祕密運來，但跟著同行的專家因為無法解釋為何來美，以間諜嫌疑遭到逮捕。接著預定飛行的前一天，飛機引擎竟然發生爆炸，他們別無選擇，只好等待僅存的另一具引擎運來。

這個組織用結果證明了自己。儘管困難重重，臭鼬工廠比預定時程提前三十七天，讓露露貝兒飛向天際。

5 ｜伯特與恩尼的祕密

奧茲諾維克（Mike Oznowicz）和妻子法蘭西斯在 1930 年代兩度躲開納粹，第一次他們從荷蘭逃到北非，之後一路躲避戰火，從北非再逃到英國。他們在英國生了兩個小孩；老二法蘭克，1944 年 5 月出生在希爾夫的軍隊駐紮地。1951 年，麥克與法蘭西斯傾其所有，舉家遷移到美國，最後在加州落腳，麥克在那兒找到裝飾窗戶的工作。

麥克和法蘭西斯真正的熱情是布偶，他們兩人都是美國操偶師協會會員，該會成立於 1937 年，旨在推廣及增進偶

戲藝術。1960 年，操偶師年度布偶節在密西根州的底特律舉辦，麥克與法蘭西斯結交了第一次參加活動的韓森（Jim Henson）。[7] 韓森帶著妻子和三個月大的女兒，從家鄉馬里蘭州伯瑟斯塔開著他們的勞斯萊斯銀影，長征五百英里來看表演。他的友人曾經開著這部車子繞行底特律，韓森從天窗伸出手表演一隻叫「科密特」的青蛙布偶。[8]

韓森與奧茲維諾克夫婦成為好友。1961 年，布偶節在加州太平林舉行，他們將剛滿十七歲的兒子法蘭克介紹給韓森認識。法蘭克精通牽線木偶的操作，而且才在布偶節的才藝競賽中獲勝。雖然他喜歡的是棒球，還說會練習偶戲只是因為成長於一個操偶師家庭。

韓森正在經營一個成功的事業，他用一種新布偶 Muppets 來製作電視廣告。韓森覺得法蘭克很有天分，想僱用他。一開始法蘭克拒絕了，他想當記者，不想當操偶師，而且他才十七歲。但是韓森拿出來的東西，讓法蘭克永遠記得他們會面的情景：「韓森這個安靜、害羞的傢伙，卻做出這些他媽的讓人讚嘆不已、從來沒看過的的布偶，新穎又新奇。」[9]

法蘭克高中畢業後，他同意到韓森的 Muppets 公司當兼職員工，同時進入紐約市立大學繼續受教育，但兩個學期不

到，他就輟學，開始為韓森全職工作。法蘭克說：「Muppets
的工作實在太讓人興奮了。」

1963 年，當法蘭克加入韓森的公司時，Muppets 已經跨
出電視廣告。一名熱門鄉村歌手迪恩（Jimmy Dean）正在為
美國廣播網 ABC 電視台策畫一個綜藝節目，他要韓森提供
一個布偶給節目，韓森創造了「羅夫」，一隻咖啡色的垂耳
朵狗。羅夫每一集出現八分鐘，經常與迪恩同台，每星期都
會收到數千封的粉絲來信。

羅夫是所謂的「手套偶」。有些布偶，例如青蛙科密特，
是「手桿偶」，由一名操偶師將一隻手放進布偶的頭部，另
一隻手用桿子操控布偶的手臂。而手套偶需要兩名操偶師，
一人將一隻手，通常是右手，放入布偶的頭，另一隻手放進
布偶手套狀的左手，第二名操偶師一隻手放入布偶的右手。
兩名操偶師必須站得很近，同步思考與移動。韓森負責羅夫
的聲音、頭、嘴和左手，法蘭克負責右手。有一天，節目主
持人迪恩不小心在播出時說出「奧茲諾維克」，不經意地給
了法蘭克一個更響亮的名號：奧茲。

歐茲與韓森這對強大的創意搭檔就此形成。

過了幾年，部分是羅夫的緣故，韓森、歐茲，以及

Muppets 公司被邀請製作一齣兒童電視節目《芝麻街》
（*Sesame Street*）。

當他們為這第一個節目進行策畫時，韓森與奧茲在排練室發現了兩具新布偶，是創造羅夫的布偶製作師沙林（Don Sahlin）設計製作的。一個高個子的手桿偶，有著長形、黃色的頭，看起來像可以踢的足球，臉上橫跨著一道粗粗的濃眉。另一個剛好相反，是矮個子的手套偶，胖胖短短的橘色腦袋，沒有眉毛，中間一撮黑色頭髮。[10]

韓森拿了黃布偶，奧茲拿了橘布偶，兩人試著找出布偶的特色，但怎麼做都不對勁。於是他們交換，韓森拿那個頭髮倒豎的橘偶；奧茲拿濃眉的高個子，感覺就對了。奧茲扮演的黃布偶成了「伯特」，一個謹慎、嚴肅、敏感的傢伙；韓森扮演的橘布偶叫「恩尼」，淘氣、滑稽又愛冒險。伯特是會想當記者而不是操偶師的那種人，恩尼則是會坐在勞斯萊斯裡，從天窗揮舞一隻青蛙繞行底特律的那種人。但他們氣味相投，在一起產生了一加一大於二的效果。

《芝麻街》第一集在 1969 年 11 月 10 日首播。[11] 在「彩色」二字後頭，兩個陶土動畫怪獸出現，後面是寫著「芝麻街」的一道長廊，螢幕轉黑，隨即響起節目主題曲〈請告訴我，到芝麻街怎麼走？〉，由兒童合唱，搭配一群孩童在都

市公園嬉戲的真實聲音剪輯而成——迴異於當時電視上慣見的精心修飾的天使之音。片頭曲一結束，節目開始的場景是一塊寫著「芝麻街」的綠色路牌，由爵士樂手西里曼（Toots Theilemans）演奏的主題曲響起，一名黑人教師高登向一個白人小女孩介紹這個社區，在介紹完幾個真人角色，還有一個八英尺高，真人喬裝的布偶，名叫「大鳥」後。高登聽到芝麻街 123 號地下室傳來一陣歌聲，他指著地下室的窗戶說，「那是恩尼！恩尼住在地下室，跟他的朋友伯特住在一起。每次你聽到恩尼唱歌，你就知道他正在洗澡。」

鏡頭轉到浴缸裡的恩尼，他正一邊擦澡一邊唱歌。
恩尼：喂，伯特，可以請你給我一塊香皂嗎？
伯特（走進來）：好呀。
恩尼：直接扔到羅西（Rosie）這裡就好。
伯特（環顧四週，表情很困惑）：誰是羅西？
恩尼：我的浴缸。我叫它羅西。
伯特：恩尼，你為什麼叫浴缸羅西？
恩尼：什麼？
伯特：我說，你為什麼叫浴缸羅西？
恩尼：因為我每次洗澡時都會唱〈玫瑰花環〉（Ring Around Rosie）這首歌。

恩尼用氣音發出一串急促的咯咯笑聲，伯特看著攝影

機，好像在問觀眾你們相信這傢伙嗎？藉著這個橋段，伯特和恩尼成為芝麻街第一個亮相的布偶，直到今天還是重要的角色。

伯特與恩尼的關係引來不少疑問。這兩個同性布偶在一塊兒都做些什麼？他們關係為何這麼好？北卡羅來納州夏洛特的聖靈降臨教派牧師錢伯斯（Joseph Chambers）認為：「伯特和恩尼兩個大男人同處一室，共用一間衛浴，他們分享衣服，一起煮飯，一同用餐，一副毫不掩飾的娘娘腔模樣。有一集伯特教恩尼縫衣服，另一集一起照料花草。如果這不叫同性戀，什麼才叫同性戀？」[12]

才不是，伯特和恩尼不是同性戀。要了解這兩個角色的意涵，我們必須把眼光拉回布偶後頭的兩人。韓森與奧茲、伯特與恩尼，其實是一體兩面。《芝麻街》作者史東（Jon Stone）回憶說：「伯特和恩尼的關係，反應了韓森與奧茲真實生活的縮影。韓森是主動發難、搗蛋、詼諧的那一個，奧茲總是保守、謹慎的受害者。他們能夠融洽相處的關鍵，是他們對彼此的情誼與尊重。恩尼和伯特是最好的朋友，韓森和奧茲也是。」

有些偉大的創作出自雙人團隊。夥伴關係是創新組織最基本的單位，也蘊含許多打造創新團隊的奧祕。有些創

新夥伴是配偶，如居里夫婦；有些是家人，如萊特兄弟；但大部分兩者皆非，甚至原本連朋友都算不上，這些最佳拍檔，如二重唱賽門與葛芬柯（Simon & Garfunkel）、發現幽門螺旋桿菌的華倫與馬歇爾、喜劇團體兩傻（Abbott and Costello）、披頭四藍儂與麥卡尼（Lennon and McCartney）、Google 佩吉與布林（Page and Brin）、動畫界的漢納與巴貝拉（Hanna and Barbera），蘋果電腦的沃茲尼克與賈伯斯，以及韓森與奧茲。

如同《芝麻街》裡的伯特與恩尼，創意夥伴的親密無間讓某些人困惑，也許是因為他們太高估個人的重要性。

伯特與恩尼的祕密，在於沒有事物是獨自創造的。早先提到沃茲尼克的「獨自工作」箴言，並不像表面看起來那麼簡單。如同莫頓的觀察，我們從來不可能獨自行動，不去跟眾多他人互動，至少我們會讀他人的文字，從他人的教訓學習，使用他人研發的工具。而夥伴關係把這些互動放在同一個屋簷下。

6 ｜《南方四賤客》的腳本背後

在創意夥伴關係中，日常對話與尋常思考的問題解決迴

路交替出現。他們使用與個人相同的創意過程，但是會把自己腦中的思考大聲說出來，同時為彼此的解決方法找出問題和答案。

派克（Trey Parker）和史東（Matt Stone）1989 年在科羅拉多大學認識後，便結為創意夥伴。2011 年，他們與羅培茲（Robert Lopez）共同創作的百老匯音樂劇《摩門經》（*The Book of Mormon*），獲得九座東尼獎，在此之前，他們已經創作多部電影、書籍和電腦遊戲，其中最廣為人知的是 1997 年的電視卡通劇集《南方四賤客》（*South Park*）[13]。派克與史東一起為《南方四賤客》寫劇本、製作和配音了數百集，而且大部分從構思到完成，只花了六天。

這個過程從星期四在洛杉磯的會議室展開，派克和史東與他們的首席編劇討論劇本構想，開始創作下星期三要播出的節目。史東把這個會議室形容成「保險箱」，「因為所有我們想到的好點子背後，都有上百個不怎麼好的點子。」閒雜人等不得進到會議室，但 2011 年派克和史東讓導演布萊德福（Arthur Bradford）在會議室裡放一架遙控攝影機，用來製作一支紀錄片《六天後播出：南方四賤客的製作過程》（*Six Days to Air: The Making of South Park*）。[14]

拍攝的第一天，派克和史東討論腳本，包括日本海嘯、

難看的電影預告、大學棒球賽，一路插科打諢，就像韓森和奧茲第一次試演伯特與恩尼那樣。這一天結束前，派克和史東毫無進展，或者說，沒有他們喜歡的點子。派克有些擔憂，他告訴布萊德福：「星期三就要播出了，我們還不知道要播什麼。雖然我們向來都是這樣，但心裡還是有個聲音說，『哦，這回你完蛋了！』」

第二天早上，派克建議史東：「我們來試試這個，從現在到十一點半，我們提一些全新的構想；十一點半到十二點半，我們從昨天的點子中挑一些來做。」

史東有些懷疑：「做另一個節目嗎？」

與其爭論現成的構想如何改進，史東試了派克的提議。最後，派克說了一件讓他沮喪的事：「昨天晚上，我打開iTunes，一個視窗跳出來，『你的iTunes過期了』，你知道，每一次都是這樣。天殺的，又來了！我得下載新版的iTunes，我按過多少次的同意鍵，哪次讀過其中一行條款？」

史東大笑，然後建議派克對iTunes的不爽可以鋪排成一段劇情：「笑點是，每個人都會讀這些條款，除了凱子以外。」（凱子是節目主要角色之一）。

稍後說話的史東，解釋接下來的過程：「然後我們會說，『喔，等一下，這裡開始有些東西可以發展。』」

派克主導過程，找出每一段的重點，史東加以潤飾，並繼續填入血肉，這種模式是派克和史東的典型工作關係。夥伴關係通常沒有階級之別，意思是沒有人有絕對權威，但也很少完全沒有主導者。派克和史東的夥伴關係裡，派克是主導者。史東說：「即使我們是夥伴，也會各自提出不同的意見和想法，但故事的表達方式，完全是來自於派克。可以說派克是主廚，我的構想都通過他來呈現。」

派克表示同意，但他毫不懷疑史東的重要性。派克拿另一個知名搖滾樂團范海倫（Van Halen）的夥伴關係為例，他說：「你可以說，『那是吉他手艾迪（Eddie Van Halen）的樂團』，但是主唱羅斯（David Lee Roth）一離開，你會說，『這樂團不用看了！』就算艾迪說，『歌都是我寫的，』然而，沒有羅斯，你就不是范海倫。」

星期一，距離播出不到三天，腳本還沒有完成，主要情節的動畫和配音已經在進行，凱子按下 iTune 下載條款的同意鍵，結果被迫做一些瘋狂的事，但還缺少次要情節和結尾。派克一開始就跟史東談目前面臨的問題：「我們又要陷入典型的第一次陷阱：想法太多無法取捨。我們連 APP 的概念都

還沒有介紹，我也擔心時間來不及，雖然是最後的結尾，但動作還是要快。」

派克接著開始解決這些問題，他描述一段次要情節：另一個要角阿ㄆㄧㄚˇ想說服媽媽買 iPad 給他。史東此刻的角色是評估，當派克試演給他看時，他哈哈大笑。

派克很憂慮，那天傍晚，他告訴紀錄片導演布萊德福：「我現在很害怕，因為我寫了二十八頁腳本，但還缺五個場景。每個場景通常約一分鐘，所以大約需要四十頁腳本，事態越來越嚴酷，我得開始拍攝，同時想辦法只用一半時間把同樣的事做完。」

即使在一段夥伴關係裡，寫作——用字遣詞，而不是動腦構思——仍然是一項個人活動，也是沃茲尼克所指的「獨自工作」的意思。兩個人加一張白紙，對創作毫無助益，筆只能一個人拿。史東並沒有在派克周遭徘徊，假裝幫得上忙。他在另一個房間修改潤飾腳本。派克說：「我恨寫作，因為太寂寞、太難過了。我知道每個人都在等我，才能往下走，而這項工作就是跟一行行文字搏鬥，絞盡腦汁想出最好的表達方式。我實在太痛恨寫腳本了！」

星期一結束前，史東坐在沙發上看著派克來回踱步。兩

個人抓著頭，搓著鼻子，派克總結現況：「我們還差一分鐘，我還有四個場景要寫。」

在這四天內，他從擔憂沒有素材，變成煩惱素材太多。史東說他每個星期日會陷入谷底，然後隔天輪到派克。果然星期一時，派克說：「我覺得這一集糟透了，想到我們要播出這些爛東西，實在覺得很難堪。」

幾天前的笑聲不見了，派克和史東靜悄悄地待在工作室裡，彎腰馱背，垂頭喪氣。

星期二，節目播出前一天，大清早筋疲力盡的動畫人員已經累趴在桌底下或鍵盤邊。清晨六點整，太陽剛升起，派克和史東單獨在會議室，派克已經擦掉白板上幾天前的草圖，現在上頭是一整排場景，標示著諸如「遊戲場」、「阿ㄅㄚˋ的家」、「監獄場景」和「天才法庭」。派克站在白板旁，拿著一支麥克筆，史東靠坐在一張扶手椅上，雙手放在後腦勺。

現在兩人角色互換，派克不再主導，他在鼓吹他的想法：「第二幕一開始，我們回來了，這時候，天才要來會見我們。然後第三幕開始，他們在弄那些泡泡，凱子爸抓狂了，加入蘋果。 這時候我們回來，就這樣結束。」

史東沒被輕易被說服，他軟硬兼施，寬嚴並濟，當他說出：「很棒，這樣行得通。」聽起來就像慈愛的父親。

重新充電後，派克回到鍵盤前，一個小時後，動畫人員被叫醒，手上多了一疊完成的腳本，南方四賤客1501：第十五季第一集，也是派克和史東合寫的第兩百一十一集。

這個故事透露了許多創意合夥關係的運作方式，派克信任史東，史東讚揚派克。派克看起來似乎對創意的貢獻較多，但史東幫他實現，尤其在派克面對創作的孤獨與壓力時，給他情感的支持。而史東創作時，派克也提供一臂之力。創意夥伴藉由幫助對方創作，完成共同的創作。

7 ｜錯誤的組織

一個人獨自創作，到兩個人合作創造之間的關連，也可以擴大到一群人。創意夥伴會把腦中的想法說出來，這種方法在人數增加時也同樣適用。創意對話的目的是辨識並解決創意問題，例如：「這一集的主題是什麼？」或「這些場景的順序怎樣才對？」參與對話者僅限於能貢獻或回答這些問題的人，也因此派克和史東的會議室叫做「保險箱」，只有編劇才能進入。包括管理者、專挑毛病或任何看好戲的人，

都不能加入。對談是為了團體共同創作，詳細的創造工作還是必須單獨進行，除非需要協助——實際的、情感的，或兩者都需要，來度過無法避免的壓力與失敗。

派克和史東的公司「南方公園數位工作室」，與洛克希德的臭鼬工廠很相像，是跨國媒體集團維康傳媒（Viacom）的一個部門，在一個獨立的辦公地點，而且工作速度不可思議地快。大部分製作公司要花六個月做一集近乎全動畫的電視節目，他們六天就可以做一集《南方四賤客》。

在錯誤的組織中，派克和史東的創意天分很可能成為一場災難。1998 年，維康傳媒要求他們與另一家子公司派拉蒙影業（Paramounr Pictures），一起拍一部《南方四賤客》的電影。[15] 派克和史東幾乎一開始便和派拉蒙高層槓上，其中一次衝突與電影分級有關。派克和史東想拍的主題與片中使用的語言，會讓電影被列入限制級，也就是說十七歲以下的觀眾必須由父母或成人陪同才能觀看。但派拉蒙想要拍成輔導級，適合全家觀賞，口味較清淡的版本，只會提醒父母注意有些內容十三歲以下不宜。

派克反抗到底：「他們秀圖表給我們看，如果拍成輔導級可以多賺多少錢，我們的反應是：『限制級，不然不拍。』」

於是派克正式宣戰。派拉蒙寄給他們電影預告片影帶，派克和史東把它捧成兩半寄回去。他們傳真措辭十分不客氣的信函，給每一個認識的派拉蒙工作人員，其中一封標題寫著「成功方程式」，內容是「合作＋你們啥也沒做＝成功。」派克偷走唯一一片審查通過的宣傳帶，阻止它在 MTV 台播放。經過這次事件──宣傳帶可是派拉蒙員工幾天幾夜努力工作的成果──派拉蒙威脅控告派克和史東。

派克與史東對派拉蒙最嚴正的抗議，是電影本身。他們把電影拍成一部音樂劇，描述他們對派拉蒙試圖審查內容的憤慨。在這部《南方四賤客：更大、更長、一刀未剪》（*South Park: Bigger, Longer and Uncut*）電影裡，美國向加拿大宣戰，原因是一個加拿大電視節目講髒話。一名學校老師用電影《真善美》的主題曲〈Do-Re-Mi〉改編的歌，想要矯正滿嘴髒話的學童。裡頭的角色對白包括：「這部電影含有不雅字眼，可能會讓你們的孩子開始講髒話，」以及「抱歉！我沒辦法！那部電影已經扭曲我幼小的心靈。」

就短期的損益標準來看，派拉蒙與南方公園的合作是成功的，相對兩千一百萬美元的預算，電影賺了八千三百萬美元。派克與共同編劇薛曼（Marc Shaiman）因為片中歌曲〈譴責加拿大〉（Blame Cananda）獲奧斯卡提名。但就建立一個創新組織的長期觀點來看，這個計畫是場大災難，而且代

價高昂。儘管有不錯的結果、儘管有拍攝續集的權利，派拉蒙再也無法拍攝另一部《南方四賤客》電影。

派克告訴《花花公子》雜誌，「他們付再高的酬勞，我們也不會再和他們合作。」

史東補充說：「你得和行銷奮戰，和法務奮戰，一堆戰鬥。這部劇集已經為維康賺進幾億，即使有這樣龐大的影響力，他們還是無所不用其極地想要打倒我們，打壓這部電影的精神。」

如果派克和史東聽起來有些孩子氣，那是因為他們確實孩子氣──好的那種。社交技巧使人們可以藉由合作共同創造，然而當創造被過度控管，也會產生反社交行為。我們小時候都具備的技能，卻在成長的過程中流失。我們發展說話能力的同時，也發展團體創造的能力，但是在就學期間卻被忽視而遺忘，等到開始工作時，大概已經差不多都丟光了。1920 年代第一個發現這個現象的，是一名白俄羅斯人。有個方法只用一顆棉花糖，便證明了這一點。

8 | 棉花糖挑戰

2006 年，工業設計師史基曼（Peter Skillman）在加州蒙特瑞市的會議中，做了一場三分鐘的簡報。[16] 他的簡報緊接在前副總統、未來的諾貝爾獎得主高爾（Al Gore）之後，太空船設計者魯坦（Burt Rutan）之前，雖然時間很短，順序也不佳，史基曼的演講仍引發很大的迴響。他的講題為「棉花糖挑戰」，這是他與波爾（Dennis Boyle）——設計顧問公司 IDEO 的創辦人之一，共同發展出來的團隊活動。[17] 挑戰的方式很簡單，每一隊發給一個牛皮紙袋，裡頭裝有二十根沒煮過的義大利麵條、一碼長的繩子、一碼長的膠帶，以及一顆棉花糖。挑戰的目標是，製作一個可以支撐棉花糖重量的獨立結構，盡可能越高越好。團隊成員不能使用紙袋，也不能動腦筋到棉花糖上——比方說，不能吃掉一部分來減輕重量，但可以分開使用麵條，以及繩子與膠帶。參加者必須在十八分鐘內完成，時間截止時，不能用手去扶成品。

結果令人驚訝的是：表現最好的是五到六歲的孩童。史基曼說：「每一個客觀評量都顯示，我測驗過的團隊中，幼稚園組平均得分最高。」創意專家伍傑克（Tom Wujec）也驗證了這項結論，他在 2006 年到 2010 年間一共舉辦過七十場以上的棉花糖挑戰，並記錄相關結果。[18] 幼稚園組的棉花糖塔平均有二十七英寸高，CEO 組只有二十一英寸，律師組

十五英寸，最差的是商學院的學生，通常只有十英寸高，大概是幼稚園組的三分之一。CEO、律師和商學院學生花了太多時間在權力角力和計畫上，剩餘的時間只夠完成一座塔，而且沒有發現這項測驗最具挑戰性的隱藏性假設：棉花糖實際上比看起來重。當他們終於發現這一點，已經沒有時間回頭了。伍傑克描述時間到的這一刻：「好幾隊最後會很想伸手去扶他們的塔，因為他們一把棉花糖放上塔的頂端，塔馬上就扭曲變形。」[19]

孩童會贏，是因為他們馬上開始合作，他們很早就開始造塔，不像成人花時間爭奪領導權和主導權。小孩子也不會在行動前坐下來談，或「計畫」，他們很快就發現棉花糖的重量，而且還有充裕的時間想解決辦法。

為什麼孩童辦得到？一位來自白俄羅斯的心理學家維高斯基（Lev Vygotsgy）回答了這個問題。1920 年代，維高斯基便發現語言發展與創造力息息相關，甚至是同一件事。

我們使用語言做的第一件事，是組成環境，例如用爸爸、媽媽來命名重要的人，為重要的東西取名字，天然的如貓或狗，人造的如車或杯子。其次是用來組織我們的行為，給自己目標，如追逐小狗或拿一只杯子；以及溝通需求，如要找媽媽。在學會說話之前，我們也有這些目標和需求，但

語言讓我們可以明確地表達，無論是對自己或他人。當我們學會狗這個字，就更能去追逐狗，因為我們更有能力決定要做這件事。所以，幼兒追逐小狗時，經常會聽到他們一遍遍喊著「狗」。有了語言，方得許願。接下來我們利用語言來創造，當我們可以操控語言，便可以操控世界。或者，如維高斯基所說的：

> 雖然前語言期的兒童使用工具的方式類似猿猴，一旦他們的行動加入語言及符號的使用，將造成全新的變化和重組。於是他們了解人類如何使用工具，很快就超越其他高等動物使用工具的極限。[20]

例如，當維高斯基的研究助理拉維娜（Roza Levina）要求四歲的蜜莉婭畫一幅「老師生氣了」的圖畫，蜜莉亞畫不出來。拉維娜引述蜜莉婭的話說：

> 「老師生氣了。我不會畫老師，她長這樣。」（她拿著鉛筆很用力地畫）「斷掉了，斷掉了，鉛筆。歐亞有一支鉛筆和一支原子筆。」（坐立不安）

蜜莉亞的反應，是語言使用第一階段的孩童的特徵：標示她的世界。她說的話還無法形成一個可以協助她達到目標的標示系統，只能複述當下發生的事。

三歲七個月大的安雅，雖然比蜜莉亞小，但她的語言發展比較快。（這是維高斯基的另一個發現，目前我們已視為理所當然：兒童心智發展速度不一樣。）維高斯基把一些糖果放在櫥櫃上，牆上掛一根棍子，然後要安雅去拿糖果。安雅起初安靜了好一陣子，接著開始一邊說話，一邊想辦法解決問題。維高斯基的報告中描述：

「好高哦。」（安雅爬到沙發上，伸手想拿糖果。）「好高哦。」（她又試了一次。）「你拿不到，好高哦。」（她拿起棍子，拄著，沒有使用。）「我拿不到，太高了。」（她一手拿著棍子，另一隻手去構糖果。）「我的手累了，你拿不到。我們有一個很高的櫃子。爸爸把東西放上面，我拿不到。」（她再次伸長手。）「不行，我的手拿不到，我還小。」（她站到一張椅子上。）「這樣可以了，我可以站在椅子上拿。」（她站在椅子上，伸出手，揮舞棒子，對準糖果。）「哦哦！」（她笑了，她伸長棒子，緊盯著糖果，微笑，然後用棒子把糖果拿下來。）「看，我用棒子拿到了。我要帶回家給貓咪吃。」

安雅和蜜莉亞的差異，在於發展有別，而非能力。蜜莉亞很快就可以跟安雅一樣，不僅使用語言來標示世界，也能運用來達到目標。維高斯基並沒有要求安雅在拿糖果時，要

說出腦中的想法，但這個階段的兒童都會這麼做。安雅的思考與行動是連結的，因為我們並非先操控世界，過一會兒才描述我們的行動。我們是先操控語言，才操控世界。

語言和創造關係如此緊密，無法獨自存在。語言在此意味著一套符號與規範系統，讓我們得以創造並控制過去、現在及未來可能的心智表徵。舉例而言，喜歡圖像勝過語言的人，仍然以符號或圖像為中心。安雅這項能力發展得相對比較早，兒童從用語言標示，到用語言操控，一般在四或五歲。

語言和創造的關係也帶來一個重要影響：當兒童可以藉由說明行動來解決問題時，也就擁有與他人一起創造的基本技能。

棉花糖挑戰最令人訝異的，並不是兒童，而是成人的表現。那些做出十英寸塔的商學院學生，小時候也可以做出二十七英寸的塔。消失的十七英寸到哪裡去了？這些學生這些年發生了什麼事？

商學院學生和我們大部分人一樣，喪失了許多合作的能力。教育過程與整體環境對個人成就的重視，教導他們追求自我表現更有價值，尤其是解決有明確答案的問題，勝過團隊一起研究混沌不明的事物。他們在兒童時期發展的合作本

能，跟棉花糖塔一樣不堪一擊。

　　更糟的是，兒童在變成大人之前，學會把說話和做事區分開來。學校裡大部分的工作都是由個人獨自且安靜地完成，特別是大多數需要打分數的功課。一項最普遍的教室規則便是「不要講話」，意思很清楚：你沒辦法一邊說話，一邊做事。

　　語言與行動的分野一直持續到職場，組織裡團隊解決問題靠談話或計畫，直到大家有共識什麼方案最好，才採取行動。兒童在學校並不開會，他們直接找出問題和解答。他們將棉花糖挑戰看作合作的機會，成人則當作一次會議。所有的兒童在活動一開始就投入建造、實驗、比較成果，互相學習，團體創造。他們不需要事先討論，立刻上手。所有的成人隊伍開始的前幾分鐘一事無成，因為他們只動口不動手；而剩下的時間，大部分的人什麼也沒做，只是觀看或指揮其他人建造。根據伍傑克的資料，幼稚園組在十八分鐘內，試著把棉花糖放到塔頂的次數平均有五次，第一次通常發生在第四到第五分鐘。商學院學生通常只有一次嘗試，時間大概在第十八，或者最後一分鐘。

　　維高斯基的研究針對為什麼兒童動手，而成人只動腦，並且提出解釋。我們年幼時，語言與行動的連結較強，這點

在實驗涉及選擇時，最為顯著。維高斯基展示一張圖片給四到五歲的兒童看，然後要求他們在五個按鍵中，按下與圖相對應的按鍵。結果兒童並非用語言思考，而是用行動思考。他記錄如下：

> 或許最值得注意的結果是，兒童選擇的過程是外顯的，而且專注在解題。他們採取所有必要的行動，然後做出選擇。成人則在內心做好決定，再用單一的行動來選擇。兒童的行動是一連串四散的摸索，隨時可以被打斷或取代。只要看一眼記錄兒童行動的圖表，便足以了解這個過程的本質。

換句話說，成人是謀定而後動，兒童用行動來思考。

邊說邊做是有用的，只說不做則無濟於事，至少效用不常或不久，所以「證明給我看」這句話才如此有威力。「證明給我看」不需要瞻前顧後，直接做了再說。

另一件成人學到、但兒童沒有學過的事情是，所有群體都有階層。成人組總有人爭奪領導權，但兒童組卻人人平等，協同合作。

創意夥伴關係很少有階層劃分，如果有的話，就不是「夥伴關係」了。這樣才不會，或只需花費很少精力在主導儀式上。韓森在許多方面都比奧茲年長且資深，唯一例外的是，當韓森與奧茲一起工作時，他們是平等的。少了平等，夥伴關係便不成立。韓森與奧茲沒有浪費時間在權力角力，他們全力創作，跟維高斯基研究裡的兒童一樣，大聲說出想法，解決問題，幫助彼此成長，柏特與恩尼的誕生便是一個完美的例子。韓森與奧茲沒有開會，也沒有計畫，他們直接拿起布偶，說出想法，直到柏特與恩尼的角色浮現。

9 | 組織的構成，決定組織的創新能力

1954 年，位於堪薩斯州維其塔的美國法院的六個法庭，發生了一件前所未有的事。這些都是尋常的案件、尋常的審判，包括被告、定罪與無罪釋放，也無出奇之處，只有陪審員室的暖氣機有些古怪。暖氣機裡的隱藏式麥克風，是芝加哥大學的研究人員安裝的，目的是錄下陪審員的審議過程。法官與律師都知道有麥克風，但陪審員並不知情。[21]

這些錄音一直封存，直到每一個案子審判終了，所有的上訴都結束。研究人員分享陪審員的互動，以了解陪審員室裡的集體行為。一年後發布結果，卻掀起軒然大波。針對其

中涉及的隱私權爭議，參議院國內安全小組委員會傳喚了這批研究人員，超過上百份報紙以社論譴責他們破壞美國司法系統的根基。

之後，醜聞漸漸被遺忘，但研究方法留了下來。葛芬科（Harold Garfinkel）是當時其中一名研究員，他把這套研究方法稱為「微觀社會學」。科學家至今已經用麥克風和錄影機進行過數千個實驗，以了解構成社會的人類行為種種細節。

傳統社會學，或者宏觀社會學，以長時間、遠距離觀察群體，是有技術上的考量。社會學發展之初——主要是 1890年代，由法國的涂爾幹（Émile Durkheim）開始——還沒有實際的方法可以記錄與觀察日常互動細節，直到 1950 年代，磁帶錄音機、電晶體，以及麥克風問世，才有了微觀社會學的出現。

和傳統的社會學者一樣，商業寫作者——通常是商學院畢業生——看待組織的方式免不了流於打高空，只看偉大的藍圖，購併、股價、重大產品發表，就像我們在飛機降落時從窗戶望出去的公路、社區和公園。除了少數幾個高階主管以外，所有的個體都不會被看見。

從空中鳥瞰一個組織，是無法深入了解它的。組織存在於人間，並不如一般所稱，是由一群人所構成，而是由人的互動所組成。組織做的事，便是人們每一天的互動。

微觀社會學讓我們看到，這些互動並不瑣碎無聊，發生在兩人或多人之間的每一件事，都有豐富的意涵。

在微觀社會學出現之前，主流的假設是團體中的眾人會基於理性做決策，類似下列的步驟：

1. 定義情境。
2. 定義必須做的決策。
3. 辨認出重要的標準。
4. 考慮所有可能的解決方案。
5. 以標準 —— 檢視這些方案，並評估後果。
6. 選擇最佳解決方案。[22]

然而，微觀社會學的結論顯示，我們很少這樣思考，尤其是在群體中。在群體互動中，相對於單純的論理，我們更常依據潛規則和文化預設來做決策。維根斯坦（Ludwig Wittgenstein），一位奧地利—英國哲學家曾說：人類的互動，表面上看起來不過是交談，實則更像遊戲，因為其中包含「行動」和「翻轉」，他稱之為「語言遊戲」。

群體裡頭，我們所聽到的語言都有背景脈絡，包含情緒、力量、與其他團體成員的關係。我們都是社會變色龍，在我們所處的群體中，會改變皮膚顏色力求融入，或有時候，刻意凸顯自己。

社會學家高夫曼（Erving Goffman）將語言遊戲裡的行動，稱為「互動儀式」。後來他的同事柯林斯（Randall Collins）將一連串的這類行動，稱為「互動儀式鏈」，通常由一個情境開始，例如一場商業會議，會議上每個人的行為會受一些因素影響，他們的職級、情緒、過去類似會議的經驗，以及和其他與會者的關係，都會改變他們的行為。在不同的情況下，他們會表現出不一樣的行為。例如，開會時「你好嗎？」只不過是一句禮貌的問候語，並不要求回覆，柯林斯說，如果你回答得好似對方想知道你的健康細節，那可就失禮了。[23]

然而，如果是去看醫生，「你好嗎？」這句問話，代表要求進一步的訊息，如果不提供一些健康細節，也是不符常理。同一個人、同一個問題，不同的答案，是因為他參與的儀式不同。

組織由儀式構成——群體裡的個體間數百萬個微小、短促的交流——正是這些儀式，決定了一個組織的創新能力。

10 │ 建立動手做的儀式

　　強生與臭鼬工廠的故事，給我們最大的啟示是：創造是做出來，而不是說出來的。最具創造力的組織，往往將動手做的儀式列為最優先事項；反之，最不具創造力的組織最愛動嘴，而最常見的形式就是「開會」。開會其實就是耍嘴皮的婉轉說詞，它會取代我們的工作。儘管如此，上班族平均一週開會六小時，幾乎是一個工作天。如果組織使用微軟 Outlook 軟體自動安排會議，員工每週參加的會議將多達九小時。[24]

　　開會不會促成創造，創造是行動，不是對話。創新組織有外部會議，例如客戶會議——洛克希德藉以獲得戰時的飛機製造合約。然而，一個組織越能創新，通常內部會議越少，參加會議的人員也越少。[25] 結果便能有越多人，有更多時間從事創造。

　　內部會議最常做的事，叫做「計畫」，但其實意義不大，因為計畫往往趕不上變化。強生很少計畫，也不需要在執行前，了解太多未來可能發展的細節。工程計畫對於製造產品很重要，但工程計畫是用來做，而不是用來說的。甚至在當時，有些工程計畫是產品完成後才做好。強生描述他在洛克希德的第一天如下：

我被分派到工具部門與邁藍（Bill Mylan）一起工作，設計組裝 Electra 的工具。邁藍是個熟門熟路的老手，他跟我說，「小子，我先做好，你可以等一下再畫下來。[26]

你無法掌控未來，拘泥於按計畫行事，會讓人無法及時回應突發問題，並錯失意外的機會。你把注意力放在想做什麼，少在意怎麼做，但大部分的公司都背道而馳。許多企業高層花一半時間在開會、做計畫，另一半時間則在準備這些會議。然而，你做不出萬無一失的計畫，就像引擎專家被當成間諜遭逮捕，或引擎第一次啟動就爆炸，但你可以打造一個有能力應變的組織。

光說不做，不只不會有任何成果，還會造成反效果。1966 年，心理學家傑克森（Philip Jackson）發現老師不喜歡有創意的學生，他提出一個新名詞——隱性課程（hidden curriculum），用來形容組織如何傳遞價值與塑造行為。[27]

傑克森用這個詞描述學校：

群眾、表揚和權力，結合這三項，帶給校園生活某種特殊的氛圍，塑造出一套隱性課程，每個學生（及老師）如果希望學校生活平順度過，都必須精熟這套課程。這

些來自課堂文化的要求，往往與課業上的要求，所謂的「正式」課程相衝突。傳統上，教育人員大部分的注意力都放在正式課程。[28]

我們從小就在學習隱性課程，我們的心是如此熱切渴求朋友，而且最怕丟臉。我們在不知不覺中學習，隱性課程是一套不成文的規定，是隱晦的，通常與大人告訴我們的相反。我們學習正式課程的反面教材──原創性不被歡迎，想像力受到壓抑，風險被嗤之以鼻。每個人小時候都曾面臨一個選擇，雖然你可能已經記不得了：孤獨地做自己，或是變得跟別人一樣，融入群體。教育是個同化過程，書呆子容易成為箭靶，而朋友們總是成群結隊，原因就在於此。

我們一輩子都在學習這門功課。教育是畢業即結束，但經驗卻日益根深蒂固。我們把高中、大學、工作切割成不同階段，但事實上是前後連貫。因此，隱性課程存在於所有組織中，從企業到國家。傑克森說：

> 隨著機構化組織倍增，越來越多人，人生中有顯著比重在其間度過。我們有必要比現在更深入去了解，在驅使一個人尋求自我表達與服從他人意願之間，如何達到平衡。

組織是服從與創新兩者的競爭。組織領導人有時候會要求我們創新，但卻要求我們時時服從。在大多數組織中，服從遠比創新重要，儘管他們多麼努力偽裝。如果你服從，但不創新，你可能會獲得升遷。如果你創新，但不服從，那就等著被炒魷魚。獎勵是為了表彰服從，而不是貢獻，這種現象我們稱為「辦公室政治」。我們被要求遵循的，往往不是組織「說」什麼，而是組織「做」什麼。

如果一家公司的執行長對全公司做年度報告，用PowerPoint大肆宣揚他對創新者和冒險者的熱愛，卻把公司大部分的資金投入一堆老產品，所有的升遷機會都給了這些產品線的主管，他便是送出一個明顯的訊號給所有了解隱形課程的人：照執行長的行為去做，不要照他說的。盡量談論創新與冒險，但千萬別當真；到老產品部門工作，把注意力放在某項老產品；把有創意、有風險的產品，留給組織較鬆散的部門。比較有創意的人一旦失敗就要捲鋪蓋走人，而他們肯定會失敗，因為資源根本不夠。這套方法是許多組織的運作法則，雖然他們沒有察覺，也不會承認。傑克森說：

> 遇到這樣的狀況，無論是什麼要求或有多少資源，對所有人而言，至少有一個應對方式，就是心理上的退縮。逐漸降低個人對這類工作的關切和參與，直到這類要求，或個人創新的成敗不再受到關注。

有沒有人能同時既創新又遵守「服從優先於創造」這條潛規則？也許有，但這兩件事根本上是互相牴觸的：

通達智識與服從公司，兩者所需要的個人特質完全不同。例如好奇心，這項特質對於服從的要求沒什麼價值。有好奇心的人通常喜歡偵察、刺探和探索，和被動服從指令的態度，截然相反。通達智識需要積極進取，而不是臣服於限制框架。[29]

同樣的道理，為什麼要多此一舉？為什麼要把精力與想像力用來維持一個假象——像超人在辦公室扮演克拉克，把自己富創造力的一面隱藏起來？不用創新，只需服從就能得到好結果；或者另謀高就，找一個能欣賞你的創造力的地方，這是全世界富創造力的人所面臨的兩難。他們很少用悄悄地創造來解決問題，大部分的人在跟老闆提出新構想後，就會辭職或被迫離職。提出新的想法或做法是很冒險的。對 1930 年代在洛克希德的強生而言是奏效的，但是對 1960 年代在華特里德陸軍研究院的賈蘭博，以及當時大多數的組織卻行不通。

打造一個創新組織很困難，要持續創新，更是加倍困難。為什麼？因為典範會改變，只有最好的創造者能與時俱進。

1975 年夏天，西貢淪陷與越戰結束的幾個月後，臭鼬工廠的一名工程師瑞奇（Ben Rich）向強生提了一個想法：一個形狀像箭頭的飛機，扁平的三角狀，頂端尖尖的，瑞奇的團隊暱稱為「絕望鑽石」。強生一開始的反應不是很正面。瑞奇說：「他瞥了絕望鑽石的草圖一眼，然後衝進我的辦公室，重重踹了我的屁股一下，把企畫案揉成一團丟到我腳邊，咆哮說，『瑞奇，你這個豬腦袋，你是昏頭了嗎？』」

　　強生 1933 年到洛克希德任職後，二次大戰隨即爆發。二次大戰是首次以空戰為主的戰爭，或許部分與強生脫不了關係，約有兩百二十萬人因空襲而喪生，其中超過九成，約兩百萬人是平民，包括婦女與兒童。[30] 用來抵禦空中攻擊的武器——高射砲，殘忍而且效果不佳，平均摧毀一架轟炸機，要射出三千發砲彈。[31] 因此幾乎所有的轟炸機都能命中目標。在現今的核武世紀，這是個駭人的統計。

　　二戰一結束，最新、最迫切的問題是如何防禦來自空中的死亡威脅，地對空飛彈應運而生，運用新的電腦運算與雷達技術，找到、追蹤並摧毀戰鬥機。越戰是二戰後第二個主要空戰戰場，地對空飛彈打下兩百零五架美國戰機，平均二十八顆飛彈摧毀一架——表現比二戰時期的高射砲好上十倍。飛越敵人領空變得非常危險，幾乎是自殺的舉動。

這是瑞奇提出絕望鑽石企畫的背景，製造飛機的典範已經改變，現在問題不在於怎麼飛，或怎麼飛得更快，而是怎麼飛不會被察覺。

絕望鑽石便是企圖解決這個問題的一項嘗試。

在衝進瑞奇辦公室，踢他一腳，把企畫案丟到地上之後，強生還大吼：「這坨垃圾絕對不可能飛得起來。」

不是每個偉大的創新者，都能成為偉大的創新管理者。強生暴跳如雷，瑞奇的提案很可能就此埋沒，幸好還有一條規則——「證明給我看」。

臭鼬工廠的工程師發展出一個傳統，每當有關技術的爭議出現時，他們會用一枚二十五美分的銅板打賭，然後做實驗。強生與瑞奇在共事期間已經打過四十次左右類似的賭注，強生每回都贏。有兩件事強生幾乎每次都贏，一是比腕力——他年輕時曾經是搬磚工人，練出粗繩般的臂膀；還有二十五美分的技術賭注。

瑞奇對強生說：「這顆鑽石的雷達截面積，大概是所有美國軍機和蘇聯最新米格機的一萬到十萬分之一。」

強生想了一下。洛克希德曾建造過可以躲避雷達偵測的飛機，1960 年代，這家公司研發出無人偵察機 D-21，可以投下相機拍照，稍後再收回，也能自爆銷毀。雖然技術獲得成功，但卻是一次商業上的失敗。強生想到十二年前失敗的 D-21，便說：「我跟你賭二十五美分，我們那架老 D-21 的雷達截面積比你那顆鬼鑽石還低。」

　　意思就是「證明給我看」。於是 1975 年 9 月 14 日，兩人展開了一場創造決鬥。

　　瑞奇的團隊將絕望鑽石的比例模型放進電磁室，測量它躲避雷達偵測的能力──洛克希德的工程師稱為「匿蹤能力」。

　　瑞奇和強生收到測試結果，急切地打開來看。絕望鑽石的匿蹤能力是 D-21 的一千倍。瑞奇第一次贏了與強生的打賭。強生丟給瑞奇一枚銅板，然後說：「在你看到那玩意兒飛起來之前，不要隨便花掉。」

　　這架飛機，暱稱「擁藍」（Have Blue），測試飛行十分成功，成為第一架可以躲避雷達偵測的戰機，以及後續隱形戰鬥機的原型，從 F-117 夜鶯、2011 年在巴基斯坦突襲賓拉登基地的 MH-60 黑鷹直升機，到每小時飛行速度超過

四千五百英里、幾乎可以完全匿蹤的洛克希德 SR-72[32]，皆脫胎於此。這是重視行動勝過言語，少計畫多嘗試，解決爭端不用政治角力，而是「證明給我看」的一家公司，所做出來的產品。

再見了，天才

1 │毫無根據的天才說

　　非洲大西洋沿岸有一片超過一千英里長的沙漠，大部分是沙海，分布著許多風吹造成的大沙丘，有二十英里長、上千英尺高。這是納米布沙漠，當地原住民是辛巴人，辛巴婦女使用奶脂、灰燼和赭土保養皮膚和頭髮，同時防曬。1850年，辛巴人發現沙丘上有些古怪，一群白皮膚的男人，全身裹著布，朝著他們而來。其中一個人很瘦，看起來緊張兮兮，不斷在測量和計算。當他拿下頭上的寬邊帽[1]，會看到他將頭髮往另一邊梳，蓋住中間拱起如月球的禿頂，他的名字叫蓋爾頓（Francis Galton）。他對辛巴族人能在世上最荒涼的地方存活不感興趣，後來在書裡把他們描寫成應該被教化的野蠻人，食物和財產可以由人巧取豪奪，而且「沒有能耐如央格魯薩克遜人有穩定勞動的教養。」[2]

　　蓋爾頓是造訪納米布的第一批歐洲人之一，他對辛巴人以及在返回英國途中遇見的其他非洲人懷有偏見。當他的表親達爾文在 1859 年發表《物種起源》一書後，蓋爾頓更加沉迷，並開始投入人類的評量與分類，宣揚選拔育種的觀念，稱為「優生學」。

　　蓋爾頓寫的書《世襲天才》（*Hereditary Genius*）在1869 年出版，主張人類智力是代代相傳，而且不良的育種

會「稀釋」掉好的遺傳。後來他開始質疑書名使用「天才」這個名詞，雖然原因至今不明：

> 我使用天才這個字眼，完全不在於表面的意涵，僅是用以表達一種不同凡響，並且是與生俱來的卓越能力。天才的定義是擁有優越天賦的人。讀者會發現全書努力克制將天才描述成一種特質，而是廣泛作為先天能力的代名詞。書裡的觀念並無任何混淆，然而書名似乎有誤導之嫌，如果現在可以改動的話，應該要叫做「世襲才能」（Hereditary Ability）。

天才並不是另一個物種，而是擁有「卓越先天能力」的人。蓋爾頓沒有講明天才擁有卓越先天能力要做什麼，倒是表明了像他這樣的人，比其他人更有可能承襲諸如此類的卓越才能：「這本書主要探討的先天才能，現代歐洲人占有絕大比例，相對於較低等的種族。」

最後，也是最重要的一點，這種與生俱來、多半被賦予在現代歐洲人身上的能力，可以透過育種來改善：「無論就家畜馴養或演化歷史來看，我們都無須懷疑，可以培育出比現代歐洲人心智和道德更加優越的人種，其差異如同現代歐洲人相對於黑人最低等的種族。」

換個說法就是：我們可以像培育體形更大的牛隻一樣，培育出更優秀的人種。

拿牛隻做類比並不失當，牛的分級有一套分類系統，例如在英國，標為 E3 的牛肉是優等，肥瘦適中；－ P1 則是劣等，過瘦。[3] 蓋爾頓提出的評分系統，或者叫「人類天賦分級制」，範圍從中下資質的 a，到百萬中挑一的 X。蓋爾頓堅信這套系統並非「尚有疑慮的假設」，而是「絕對的事實」，他對人種優劣的評比深信不疑：

> 黑人種族偶爾、但非常罕見，會出現如盧維圖爾（Toussaint l'Ouverture，1791 年海地革命的領袖）這樣的人物，在我們的系統中列屬 F 級；也就是說，黑人的 X 級或 G 級以上的人，似乎相當於我們的 F 級，這顯示黑人和白人差異不止兩個等級，可能更多。簡短地說，黑人的 E 級與 F 級，差不多是白人的 C 級或 D 級。這個結果再次指向我們的結論，黑人的平均智力大約比白人低兩等級。[4]

蓋爾頓這段話根本胡說八道，而且全書僅此觀點，他沒有提出任何證據，就斷言黑人最優可能是 F 級牛，白人最優可能是 X 級牛，兩者差兩級，所以白人比黑人高兩級。這種白人最聰明的想法，可能源自蓋爾頓自己的愚蠢。

問題是，世人認真看待蓋爾頓的說法。他讓幾世紀的偏見包裹上理性和科學的假面，他的學說給 20 世紀投下可怕的陰影，直至今日未能完全消散。蓋爾頓使用並賦予「天才」這個名詞意涵。我們所理解的天才，就是蓋爾頓定義的：少數人與生俱來的稀有天賦，你可能生來就有，更大的機會是沒有。在蓋爾頓的時代，最多只是非主流的天才說，到優生學興起，在納粹「種族淨化」推波助瀾下達到頂點。天才是天縱英才的觀念在 19 世紀末開始普及，到了 20 世紀末才被廣泛使用。從蓋爾頓的天才說，到希特勒的種族屠殺，兩者脫不了干系。

　　一個假說不會因為令人討厭或駭人聽聞，就說它是錯的。蓋爾頓將天才定義為天生的優越能力，而且幾乎專屬於白人，只有他們能孕育出優良下一代，並不是因為不符道德所以錯誤，而是因為沒有證據。蓋爾頓只有自證，他的畢生成果是個人偏見的集大成，我們可以看到，如同所有偏見一樣，建築在他深信自己也是特殊人種的一份子。

　　所有的證據恰好相反，天分平均分布在不同的人群間，而且並非個人成功與否的最大因素。從改變世界的艾德蒙，到拯救世界的強生，我們看到各個角落都有人可以帶來或大或小的改變，而且無法事先預測會是哪些人。當富蘭克林揭露 DNA 中的人類藍圖，也同時讓蓋爾頓的種族先天優越說

無所遁形。蓋爾頓定義的天才在 21 世紀無用武之地——不是因為不需要天才，而是因為我們知道，這種天才並不存在。

2 | 每個人都是天才，你就是創造者

在蓋爾頓和優生學出現之前，人人都有天賦。第一個關於「天才」（genius）的定義來自古羅馬，字義是「精神」或「靈魂」。這是創造天賦的真義，創造之於人類，就像飛行之於小鳥，是我們的天性、我們的精神。我們之所以為人，或作為一獨立個體，便是為後代子孫在藝術、科學、技術各方面，留下更新穎、更進步的遺產，如同我們之前兩千個世代的先人一樣。

我們每個人都身處在共一個同體之中，彼此相連又錯綜複雜。一種恆常、無形的存在：愛與想像力，才是人性真實的底蘊。對於自認為知識份子的人而言，這不是什麼時髦的想法。知識界有個愛抱怨的錯誤傳統，習慣把好事看成壞事，把輕蔑當成清高，把人類說得很卑鄙可恥：「都是饑荒」、「都是戰爭」、「都是希特勒」、「都是氣候變遷」。在湯裡找蒼蠅，遠比進廚房工作容易得多。事實上，我們彼此息息相關，而且個個富創造力。沒有人能獨自完成一件事，即使是最偉大的發明家，腳底下也踩著成千上萬前人的努力成

果。

　　創造是做出貢獻。我們無法事先衡量我們能貢獻多少。我們必須為創造而創造，相信我們所作所為，或許會有意料不到的影響。同時了解最偉大的貢獻，通常會帶來最難以想像的改變。

　　我們的創造帶來最大的影響，是我們自己。人類人口在 1970 年到 2010 年整整增加一倍。1970 年的人均壽命是五十二歲，到了 2010 年，延長到七十歲。[5] 兩倍的人口數，比過往多出三分之一長的壽命，每個人消耗的自然資源正不斷增加。1970 年，平均每人每年攝取的食物是八十萬卡路里，2010 年已經超過百萬。每人每年用掉的水從 1970 年的十六萬加侖，到 2010 年將近三十三萬加侖，增加了不止一倍。雖然網路和電腦崛起，報紙、書籍等印刷品日益式微，我們的用紙量仍然從 1970 年每人每年五十五磅，成長到 2010 年的一百二十磅。比起 1970 年，我們有更多節能的技術，但同時，有更多技術，以及更多人用電，因此，我們在 1970 年的每小時用電量是一千兩百千瓦，2010 年則是每小時兩千九百千瓦。

　　對現在的人來說，這些是好的改變，表示有更多人活得更長、更健康、不愁吃穿，而且有更大的機會可以避免或

克服疾病和傷害，我們的下一代應該也是如此。然而，持續的消耗，很快將成為我們整體族群的危機。這並不僅僅是人口增加和資源消耗多少如此單純，這些數字的成長率也在增加。我們消耗速度很快，而且持續在加速中，自然資源無法跟上我們的需求，如果沒有任何改變，人類總有一天會讓地球超出負荷，只是不知道何時會發生。

這些並不是新的憂慮。1798 年，英國有一本名為《論人口原則》（*An Essay on the Principle of Population*）的書出版，使用筆名發表的作者已經警告過可能的災難：

> 人口的威力一直大於地球產出生存資源的能力，若不加以節制，人口將以等比級數增加，而資源則是呈算數級數增加。只要對數字略有概念，便能了解第一種力量相對於第二種之龐大。由於大自然生產人類所需的糧食，這兩股力量必須平衡。這意味著，因為資源短缺，必須經常對人口成長予以節制。糧食取得困難，勢必會在某處發生，一大部分人口將深受其苦。[6]

說白了就是：我們製造的人口遠超過糧食供給，所以大多數人很快就要挨餓。

作者是馬爾撒斯（Thomas Malthus），一名來自倫敦

南方三十英里華頓村的教區牧師。馬爾撒斯的父親受到法國哲學家梭羅的啟蒙,認為科學與技術的發展將使人類更臻完善,但年輕的馬爾撒斯不贊同,他的論文指出的慘澹景象,是對父親觀點的駁斥。

　　馬爾撒斯的論文被廣泛閱讀,在他過世後影響力仍舊持續著。達爾文和凱因斯很喜歡提起他,恩格斯與馬克思則攻擊他的學說,狄更斯在《聖誕頌歌》(*A Christmas Carol*)一書裡調侃他,主角史古奇告訴兩名紳士,他為什麼不捐錢給窮人,「如果他們寧願去死,最好就去死吧,剛好減少一些過剩的人口。」

　　馬爾撒斯如此描述:

人口的威力遠勝地球產出資源的能力,於是人類某種形式的夭折必然會發生。人類的惡性是減少人口積極而有效的手段,可能以毀滅性的戰爭、疾病、大規模傳染病、瘟疫或鼠疫出現,讓人類成排成列、成千上萬地滅亡。如果未能成功,大規模、無法避免的饑荒勢必隨後而至,讓人口與地球資源達到平衡。

然而,我們至今仍然安在。

馬爾撒斯對人口成長的憂慮是對的，事實上，他仍然過度低估，但他對於後果的預測卻錯了。

　　18 世紀行將結束，也是馬爾撒斯寫這篇論文的時候，世界上約有十億人，三個世紀之間，這個數字增加了一倍。對他而言，這樣的成長率已經十分驚人，不料，到了 20 世紀，全世界人口又往上翻了兩番，1925 年到達二十億人，1975 年四十億。根據馬爾撒斯的理論，早該發生大饑荒。其實，當人口增長同時，饑荒是下降的。20 世紀有七千萬人死於食物短缺，但絕大多數發生於 20 世紀初期，1950 年到 2000 年之間。除了非洲之外，饑荒幾乎從世界上銷聲匿跡。自 1970 年代以來，僅兩個國家仍有饑饉：蘇丹與衣索比亞。[7] 越來越少人死於饑餓，即使地球人口越來越多。

　　根據馬爾撒斯的說法，避免饑荒的唯一方式，必須藉由「人的惡性」來消除足夠的人口。在 20 世紀上半葉，這說法看起來並沒錯，第一次與第二次世界大戰締造了自黑死病以來死亡人數最多的數十年。1940 年代，平均每年四百人中有一人死於戰爭。二戰之後，戰爭死亡人數銳減。從 1400 到 1900 年，平均每年一萬人中有一人死於戰爭，17 世紀的宗教戰爭與 19 世紀拿破崙發動的戰爭是兩個高峰。1950 年之後，這個數字趨近於零。與馬爾撒斯的預測相反的還有，在人口成長飛升時，嬰幼兒夭折數目反而直線下降。[8] 關鍵

在於創造，或更精確地說，創造者。當人口成長，我們的創造力成長更快。越多人創造，彼此連結就越多。越多人創造，工具鏈上的工具就越多。越多人創造，我們便擁有更多時間、空間、健康、教育和資訊，供應創造所需。人口即生產力，這也是為什麼過去數十年，創新越來越快、越來越多。個人並沒有變得更有創意，只是量變造成質變。

這也是為什麼我們需要創新。能源耗損在算術上是個危機，但創造消弭了這場災難，我們用改變擊敗改變。

創造之鏈是一條環環相扣的長鎖鏈，每一個鏈結——每一個人的創造——都不可或缺。所有關於創造者的故事都指向一個事實：創造是不凡的，而創造者皆是凡人。我們所有的善，可以矯正所有的惡。今日的發展並非無可避免的結果，而是個人選擇而來。需要並不是發明之母，你才是。

致謝

　　本書寫作過程中，下列許多著作與資料來源令我獲益匪淺，包括韋斯博格的《*Creativity: Understanding Innovation in Problem Solving, Science, Invention, and the Arts*》（2006年）、《*Creativity: Beyond the Myth of Genius*》（1993年）、《*Creativity: Genius and Other Myths*》（1986年），以及Google、維基百科、網路文獻。還要感謝格諾堡（Christian Grunenberg）、愛德華（Alan Edwards）與道格拉斯（Nathan Douglas）的人工智慧資料庫DevonThink，以及布勞特（Keith Blount）、帕崔卡（Ioa Petra'ka）的作家軟體Literature and Latte for Scrivener。

　　第一章關於艾德蒙故事中的許多細節，擷取自埃考特（Tim Ecott）所寫的《香草》（*Vanilla: Travels in Search of the Ice Cream Orchid*）。埃考特在留尼旺島做了重要的第一

手研究，挖掘出艾德蒙的真實故事。

第二章主要引用麗茲翻譯的鄧可著作《論解決問題》。有關賈伯斯談話的描述則分別取自布朗（Marcel Brown）在部落格「Life, Liberty and Technology」發表的〈賈伯斯1983 年以來的演講實錄〉、法思道（Andy Fastow）的錄音稿，以及伊凡・伯登（Ivan Boden）提供，由亞瑟・伯登拍攝的照片。

第三章有關福克曼的史料，主要來源是庫克（Robert Cooke）2001 年寫的傳記《福克曼醫生的戰爭》（*Dr. Folkman's War*），以及公共電視紀錄片《癌症戰士》（*Cancer Warrior*）。此篇的重要資料還有史蒂芬・金的回憶錄《談寫作》（*On Writing*）、霍普（*Jack Hope*）1966 年發表於雜誌《美國文化遺產》（*American Heritage*）的文章〈更好的捕鼠器〉。「拿著糖果的陌生人」段落裡提到的書，則是次克森米哈利（Mihaly Csikszentmihalyi）所寫的《創意》（*Creativity: Flow and the Psychology of Discovery and Invention*）。

華倫在 2005 年的諾貝爾演講「幽門螺旋桿菌：新發現的難與易」，是第四章的靈感來源。伍爾夫與波士頓婦女醫院提供我一篇出版前未經刪改的論文〈隱形大猩猩

再 出 擊 〉（The Invisible Gorilla Strikes Again: Sustained Inattentional Blindness in Expert Observers），連 同 其 他 相關的指引。波頓（Robert Burton）的《談武斷》（On Being Certain）提供我許多素材，包括 1992 年奈瑟與哈爾許合寫的論文〈幽靈閃光燈〉（Phantom Flashbulbs: False Recollections of Hearing the News About Challenger）。關 於瑪丁故事的來源，是費斯廷格、沙契爾、瑞肯合著的《當 預言失靈》，費斯廷傑的書《認知失調理論》中有更詳盡的 記載。

第五章可以參考馬杜克斯（Brenda Maddox）的《DNA 光環背後的奇女子：羅莎琳・富蘭克林的一生》（Rosalind Franklin: The Dark Lady of DNA），是描述富蘭克林的一本 精彩傳記；莫頓寫的《在巨人肩膀上》既富洞見又趣味昂然。

第六章關於卡特萊特的工廠械鬥，主要參考盧德份子 兩百週年紀念部落格，網址是 ludditebicentenary.blogspot. co.uk。英 國 哈 德 斯 菲 爾 德 歷 史 協 會 的 格 理 夫（David Griffiths）協助關於盧德份子的史料蒐集，更寄給我布魯克 （Alan Brooke）與吉普林（Lesley Kipling）的《不自由， 毋寧死》（Liberty or Death）一書，以及許多說明手冊。 克雷比爾（Donald Kraybill）、強 生 維 納（Karen Johnson-Weiner）與諾特（Steven Nolt）合著的《亞米西人》（The

Amish），也提供了許多寶貴資料。

第七章裡頭，哈佛商學院的亞瑪拜耳所有關於動機與創造的研究實在太棒了，尤其是她 1996 年寫的《創意文本》（*Creativity in Context*）。而有關伍迪·艾倫的描述與談話，主要來自韋德（Robert Weide）的《伍迪·艾倫：紀錄片》（*Woody Allen: A Documentary*），以及拉克絲（Eric Lax）所寫的傳記《與伍迪·艾倫對談》（*Conversations with Woody Allen*）。安妮·米勒的餐廳 Clementine 位在加州洛杉磯 Ensley 大道 1751 號，我推薦她的烤起司，注意停車要靠運氣。

第八章描述的臭鼬工廠，坊間已經有許多專書。強生的自傳《凱利》（*Kelly: More Than My Share of It All*）和瑞奇的《臭鼬工廠》（*Skunk Works: A Personal Memoir of My Years at Lockheed*）是最重要的參考資料。瓊斯（Brian Jones）寫的韓森傳記，與戴維斯（Michael Davis）的《芝麻街幫》（*Street Gang*），是有關韓森和奧茲的絕佳素材。維高斯基（Lev Vygotsky）的《社會之心》（*Mind in Society*）至今仍是經典。伍傑克在 marshmallowchallenge.com 上，提供了完整的棉花糖實驗資料。這項實驗是我的一位好友戴拉微特（Diane Levitt）告訴我的，而她則是從我們的同事卡夫特（Nate Kraft）那兒得知的。

第九章裡關於饑荒的統計資料，擷取自德佛瑞（Stephen Devereux）所著《二十世紀的饑荒》（Famine in the Twentieth Century），戰爭的資料則來自品克（Steven Pinker）的《人性之善》（The Better Angels of Our Nature）。「我們所有的善，可以矯正所有的惡。」這句話引用自柯林頓總統 1993 年就職演說，主要內容由華得曼（Michael Waldman）撰寫。

　　更詳盡的參考資料可以上《如何讓馬飛起來》官網查詢，網址是：www.howtoflyahorse.com。本書引用的某些談話或語錄，為了與前後文順暢銜接，在未改變原意的前提下做了些微修改，完整內容盡可能收錄於附註中。故事的部分細節描述，如臉上表情，是出於想像或推測，但大部分，如天氣等，都盡可能貼近事實。附註中大部分的網站連結，是使用 bit.ly 的網址縮略服務，在官網上點入即可引導到正確的網址。

NOTES

前言

1. *Allgemeine Musikalische Zeitung*, in 1815, vol. 17, pp. 561–66. 關於莫札特這封信的相關記述與影響討論，請見：Cornell University Library, 2002; Zaslaw, 1994; and Zaslaw, 1997.

2. Konrad in Eisen, 2007; by Zaslaw in Morris, 1994; and in Jahn, 2013.

3. 許多學者認為懷海德發明「creativity」一詞，他在 1926 年寫道：「The reason for the temporal character of the actual world can now be given by reference to the creativity and the creatures.」Meyer, 2005.

Chapter 1

1. 艾德蒙雕像的照片可見：http://bit.ly/albiusstatue.

2. 艾德蒙和香草的故事取自：Ecott, 2005, also Cameron, 2011.

3. 美國專利商標局的的第一個專利是核發給佛蒙特州的發明家 Samuel Hopkins，他改善從樹木萃取碳酸鉀的製程，用於製造肥皂、玻璃、烘焙與火藥，請見：Henry M. Paynter "The First Patent" (revised version), http://bit.ly/firstpatent. 第八百萬個專利則核發加州洛杉磯的 Robert Greenberg、Kelly McClure 和 Arup Roy 研發的盲用人工電子義眼，請見："Millions of Patents," USPTO, http://bit.ly/patentmillion. 實際上，這個數字可能比較接近第 8,000,500 個，因為專利局從 1836 年才開始編號。

4. "The Mobility of Inventors and the Productivity of Research," a presentation by Manuel Trajtenberg, Tel Aviv University, July 2006: http://bit.ly/patentdata. 特拉登伯格利用多段分析，從發明人的姓名、地址、引用次數，推斷出在研究期間，共有 2,139,313 個美國專利，發給 1,565,780 個發明家，平均每個專利由 2.01 個發明人提出，每個發明人有 2.7 項專利。以 2011 年專利數目 8,069,662，乘以 2.01，再除以 2.7，計算得出截至 2011 年，約有 6,007,415 個發明人獲得專利核發。

5. 假設特拉登伯格數字是常數，因此發明人的人數，應與美國專利商標局公布的專利數目和上述數字呈比例。

6. 我的分析採用美國專利商標局資料、美國普查資料，以特拉登伯格數字作為常數。美國專利商標局自 1837 年開始登錄核發給外籍人士的專利。1800 年的數字是百萬分之六，相當於 1 比 166,666。

7. Annual Report of the Librarian of Congress, 1886: http://bit.ly/copyrights1866.

8. 49th Annual Report of the Register of Copyrights, June 30, 1946: http://bit.ly/copyrights1946.

9. Annual Report of the Register of Copyrights, September 30, 2009: http://bit.ly/copyrights2009. 我採用美國普查資料進行分析，1870 年，平均每 2 萬人有三項版權登記，我化約為每 7 千人有一項。

10. Science Citation Index from Eugene Garfield, "Charting the Growth of Science," paper presented at the Chemical Heritage Foundation, May 17, 2007; http://bit.ly/garfieldeugene. 分析是採用美國普查資料。

11. 根據 ESPN/Jayksi LLC 統計，2011 年平均一場納斯卡賽車的現場觀眾達 98,818 人：http://bit.ly/nascardata。根據美國專利商標局資料與特拉登伯格常數計算，2011 年第一次拿到專利權的美國居民人數為 79,805。

12. Driscoll et al., 2007.

13. Krützen et al., 2005.

14. Mithen, 1996, and Kuhn and Stiner in Mithen, 2014.

15. Casseli, 2009.

16. Ashby, 1952.

17. 紐維爾 1991 年 12 月 4 日於卡內基梅隆大學演說「Desires and Diversions」，影片請見：http://bit.ly/newelldesires, courtesy of Scott Armstrong.

18. Newell, 1959. 請見：http://bit.ly/newellprocesses.

19. 韋斯博格簡歷請見：http://bit.ly/weisbergresume.

20. Weisberg, 2006.

21. Zepernick and Meretz, 2001.

22. 根據亞馬遜網站刊載的書名。

23. 亞馬遜網站上只有一本韋斯博格的電子書，最後一本學術性著作：*Creativity: Understanding Innovation in Problem Solving, Science, Invention, and the Arts.*

24. 羅賓森 2006 年 6 月 27 日於 TED 的演講，請見：http://bit.ly/robinsonken.

25. MacLeod, 2009.

26. Terman and Oden, 1959, and Shurkin, 1992.

27. Torrance, 1974, quoted in Cramond, 1994.

28. 這句名言可以追溯到幾位作家，根據 Garson O'Toole，最初版本是 1946 年葛里克寫的，原文為：It is only when you open your veins and bleed onto the page a little that you establish contact with your reader. "Confessions of a Story Writer," by Paul Gallico, 1946; http://bit.ly/openavein.

29. 詳見：http://bit.ly/rowlingbio.

30. 史蒂芬‧金說過：「四年前，我在洗衣店洗床單，一小時賺 1.6 美元，同時在拖車機房開始寫《魔女嘉莉》。」King, 2010; Lawson, 1979 King, 2010. See also Lawson, 1979.

31. Paine, 1794.

Chapter 2

1. Mann, 1930.
2. 現今的柏林洪堡大學，創立於 1810 年。
3. 鄧可的生平細節取自：Schnall, 1999, published in Valsiner, 2007; see also Simon, 1999, in Valsiner, 2007.
4. Duncker, 1935. Translation: Duncker and Lees, 1945.
5. Isherwood, 1939.
6. Kimble, 1998.
7. Duncker, 1939.
8. Duncker, 1939b.
9. Duncker, 1939c.
10. *New York Times*, 1940.
11. Rensberger, 1977.
12. 這是我的翻譯，麗茲的翻譯使用結構化（structuration），而非結構（structure）。
13. 引用鄧可《論解決問題》的資料多達 2,200 筆，詳見：http://bit.ly/dunckercitations.
14. Weisberg, 1986.
15. Metcalfe, 1987, cited in Chrysikou, 2006, and Weisberg, 2006.
16. http://bit.ly/outsideofbox.
17. "The Adventure of the Speckled Band" in Doyle, 2011.
18. 柯南·道爾在 1892 年創作這個故事時，一般認為蛇是聽不見的，許多福爾摩斯迷熱烈猜測作者描寫的究竟是什麼蛇，甚至可能是蜥蜴。1923 年後，甚至一直到 2008 年，研究才顯示蛇雖然沒有耳朵，但可以用下頜聽到聲音。
19. Weisberg, 1986, and Chrysikou, 2006.
20. Weisberg and Suls, 1973.
21. Weisberg and Suls, 1973.
22. 歐普拉的哈潑公司用「啊哈！時刻」註冊了兩項商標，註冊編號為 3805726 與 3728350。
23. Vitruvius, 1960.
24. Biello, 2006.
25. Galileo, 2011. Translation from Fermi and Bernardini, 2003.
26. Chris Rorres at http://bit.ly/rorres.

27. Vitruvius, 1960.

28. Coleridge, 2011.

29. Coleridge, 1907. 柯立芝敘述一封「朋友」的來信，干擾《文學傳記》第 13 章的寫作。Bates 在 2012 年提出他認為這名朋友是捏造出來的幽靈。

30. Hill1984.

31. Benfey, 1958.

32. Weisberg, 1986 and Rothenberg, 1995.

33. Einstein, 1982.

34. Moszkowski, 1973, p. 96.

35. Hélie, 2012. 總結許多實驗結果，支持「醞釀假說」的學者現在使用「內隱認知」（implicit cognition）一詞。

36. Read, 1982. Cited and discussed in Weisberg, 1986.

37. Nisbett, 1977.

38. Olton and Johnson, 1976.

39. Olton, 1979. Cited in Weisberg, 1993.

40. 「民俗心理學」一詞由 Val 在 2007 年提出。

41. Duncker, 1945.

42. 賈伯斯 2007 年 1 月 9 日在舊金山 MacWorld 的談話，影片請見：http://bit.ly/keyjobs. 文字稿：http://bit.ly/kastbernhard.

43. 取自蘋果電腦公司年報摘要，詳見：http://bit.ly/salesiphone.

44. 最早的 iPhone 內建麥克風頻率，約僅 50Hz 到 4kHz，與 iPhone 3G 的 Hz 到 20kHz 相較，範圍相當狹窄。Benjamin Faber 的分析請見：http://bit.ly/micriphone.

45. 這句名言出自卡特政府行政管理及預算局主任 Bert Lance 在 1977 年所說。詳見：*Nations Business*, May 1977, p. 27, at http://bit.ly/dontfix.

46. LG 熊貓機或 LG KE850，2006 年 12 月發表，2007 年 5 月上市。蘋果在 2007 年 1 月發表 iPhone，2007 年 6 月上市。LG 熊貓機是第一款觸控螢幕手機。請見：http://bit.ly/ke850.

47. 1983 年的 IDCA，國際設計會議。IDCA 目前是 Aspen 設計高峰會的一環，由美國平面設計協會舉辦。詳見：http://bit.ly/aspendesign.

48. Brown, 2012, based on a cassette tape from John Celuch of Inland Design and a transcription by Andy Fastow at http://bit.ly/jobs1983. 賈伯斯外表的描述是根據 Arthur Boden 拍攝的照片：http://bit.ly/ivanboden.

49. Mossberg, 2012.

50. http://bit.ly/felixbulb. 菲力貓卡通可見：http://bit.ly/felixcartoon.

51. Wallas, 1926.

52. born, 1942. See also http://bit.ly/alexosborn.

53. "Brainstorming Techniques: How to Get More Out of Brainstorming" at http://bit.ly/mindtoolsvideo. Transcript at http://bit.ly/manktelow.

54. Dunnette, 1963. Cited in Weisberg, 1986.

55. Bouchard, 1970. Cited in Weisberg 1986.

56. Weisskopf-Joelson and Eliseo, 1961. Cited in Weisberg, 1986.

57. Brilhart, 1964, as discussed by Weisberg, 1986.

58. Wozniak, 2007. Cited in Cain, 2012.

59. King, 2001.

60. Ogburn and Thomas, 1922.

61. 日蝕的細節請見：http://bit.ly/rhinoweclipse.

62. 李林塔爾之死請見維基百科：http://bit.ly/lilienthalotto.

63. Wright, 2012.

64. Heppenheimer, 2003. Cited in Weisberg, 2006.

65. Wright, 2012.

66. Wright, 2012.

67. 萊特是對的。今天的航空動力學使用史密頓系數 0.00327，請見：http://bit.ly/smeatoncoeff.

68. 格林研究中心有個名為「Invention of the Airplane」的簡報，對此有精彩詮釋，請見：http://bit.ly/manywings. 尤其是第 56 頁投影片。

69. 關於克魯森的資料相當少，德國莫斯特人（有些目錄是寫鮑迪森人，位於德國北部弗兒島的鄉鎮）。根據 1996 年 Richardson 的說法，克魯森可能是 20 世紀初期德國最早、也是最重要的畢卡索畫作收藏家。1920 年之前，克魯森收藏的畢卡索畫已經易手，他可能是戰爭艱困時局的受害者。

70. 天然石膏是白堊紀時期形成，約 1 億 4,550 萬年（＋400 萬）開始，到 6,550 萬年（＋30 萬年）前結束，包含只有顯微鏡才看得到的古早細胞塊。Steele et al., in Smithgall, 2011.

71. 《滾白邊的畫》面積是 140cm x 200cm = 2.8 平方公尺 = 30.14 平方英尺。

72. Kandinsky, "Picture with the White Edge," in Lindsay and Vergo, 1994. Cited in Smithgall, 2011.

73. 可見康丁斯基 1911 年的畫作《Painting with Troika》。三頭馬車有如以利亞先知搭乘奔向天堂的火戰車，是神聖的象徵。

74. Russische Schöne in Landschaft, from around 1904.

75. Gedämpfter Elan, 1944.

Chapter 3

1. 珍妮佛是真實故事，為保護她的隱私，我省略不提她的姓氏。有些描述，如可愛的臉龐、夫妻簽署同意書，以及打針時的哭喊則屬想像或推測。福克曼的資料主要取自：Cooke, 2001; Linde, 2001; published academic papers; and Folkman's obituaries.

2. Linde, 2001.

3. 今天最優秀的醫生同時也做基礎研究，福克曼可說是原因。1970 年代以來醫生科學家的崛起，請見：Zemlo, 2000.

4. 目前一項具前景的研究是，固定服用一定劑量的阿斯匹靈和其他藥物，能否抑制血管新生，降低罹患大腸癌、肺癌、乳癌與卵巢癌的風險。請見：Albini et al., 2012; Holmes et al., 2013; Tsoref et al., 2014; and Trabert et al., 2014.

5. 出自老子《道德經》第 64 章。

6. Wolfram, 2012. 一年半邊寫邊刪，每打一百個字，刪掉 7 個字，是 7%，但還有 7% 是按下刪除鍵，表示有 14% 的按鍵沒有產出內容。十年的 14% 大約是一年半。表示平均而言，決定刪除那些內容的時間，與決定寫什麼的時間差不多。.

7. 包括小說、劇本、短篇小說集，以及非文學作品。詳見維基百科的史蒂芬·金書目：http://bit.ly/kingbibliography.

8. King, 2001. 他說：「我通常一天寫 10 頁，約相當於 2,000 字。」

9. 我根據維基百科的史蒂芬·金書目計算作品字數，從《*Firestarter*》（1980）到《*The New Lieutenant's Rap*》（1999），但不包含未編輯的《*The Stand*》和《*Blood and Smoke*》，假設每頁 300 字。

10. King, 2001.

11. King, 2001. 他說：「這本書看來是我的長期讀者最喜歡的一本。」

12. King, 2010.

13. King, 2001.

14. 取自戴森公司網站：http://bit.ly/dysonideas.

15. 戴森 2012 年在 WIRED Business Conference 受訪，影片請見：http://bit.ly/videodyson.

16. Baum, 2008.

17. 居家灰塵的直徑請見："Diameter of a Speck of Dust" in *The Physics Factbook*, at http://bit.ly/dustsize.

18. 戴森 2012 年在 WIRED Business Conference 受訪，影片請見：http://bit.ly/videodyson.

19. 取自戴森公司網站：http://bit.ly/dysonstruggle.

20. 根據維基百科，戴森公司 2013 年營收約 60 億英鎊，請見：http://bit.ly/dysoncompany. 根據《Sunday Times》2013 年報導，戴森公司淨值估計約 30 億英鎊，請見：http://bit.ly/dysonworth.

21. Rubright, 2013.

22. Beckett, 1983.

23. Csikszentmihalyi, 1996.

24. 擷取自 1855 年 4 月 3 日狄更斯寫給 Maria Winter 的信。Dickens, 1894. Appears in Amabile, 1996, citing Allen, 1948.

25. 塞麥爾維斯並非唯一懷疑產褥熱是由醫生傳播給病人的醫生。50 年前,蘇格蘭外科醫生高登(Alexander Gordon)曾寫過這個主題;1842 年,倫敦大學教授華生(Thomas Watson)開始倡導洗手;1843 年美國的何慕思(Oliver Wendell Holmes)曾對此寫過一篇論文。以上見解都遭到忽視或批評。

26. Semmelweis, 1859. 塞麥爾維斯的統計不清楚,無法確切得知多少婦女因為沒洗手而死亡。第一產科在推行洗手前的 14 年間,死亡率是 8%;第二產科是 3%。1846 年 5 月開始實施洗手,1847 年、1848 年(塞麥爾維斯在 3 月被解僱)死亡率下降了 3%。如果這三年第一產科的死亡率仍是 8%,意味至少有 548 名婦女喪生。因此推論塞麥爾維斯挽救了至少 500 名產婦。

27. 休謨的話摘自:Hume, 1748. 薩根的話摘自 PBS 電視節目《Cosmos》第 12 集,1980 年 12 月 14 日播出,請見:http://bit.ly/extraordinaryclaims. 楚茲的話摘自:Truzzi, 1978. 拉普拉斯的話最原始版本出自:Laplace, 1814. 詳見維基百科楚茲的欄目:http://bit.ly/marcellotruzzi 和拉普拉斯的欄目:http://bit.ly/laplacepierre.

28. Emerson, 1909.

29. Yule, 1889. Cited in Hope, 1996.

30. Hope, 1996.

31. Hope, 1996. 1996 年約有 4,400 件捕鼠器專利,Jack Hope 預估平均一年增加 40 件。他的預測顯然是對的,到 2014 年 5 月,約有 5,190 件專利,而且沒有降低的趨勢,詳見:http://bit.ly/mousetraps.

32. Hope, 1996, quoting Joseph H. Bumsted.

33. 愛默生死於 1882 年;第一個捕鼠器專利在 1894 年核發。

34. 虎克捕鼠器的美國專利編號是 0528671,詳見:http://bit.ly/hookertrap.

35. 詳見:http://bit.ly/victortrap. 到 2014 年 5 月,你可以花 15 美元買 20 個捕鼠器,而且免運費。

36. Ergenzinger, 2006.

37. 戴文森公司起初被令賠償 2,600 萬美元,後來與聯邦貿易委員會達成和解,支付 1,070 萬非懲罰性賠款。

38. "Swingers Slotted Spoon" at http://bit.ly/davisonspoon. 雖然列在公司網站的「客戶產品範例」,但產品資訊卻透露「這項產品由戴文森個人發明與授權。」

39. 這個數字是根據公開資料,一年有 11,325 人以定價 795 美元購買「前期發展協議」,3,306 人以 11,500 美元購買「新產品樣本協議」,大約是定價 8,000 到 15,000 的均價。計算出一

年收到的服務費達 47,022,375 美元。詳見：http://www.davison.com/legal/ads1.html, and http://www.davison.com/legal/aipa.html.

40. 法文原文為 chiqué，也可以翻譯為吹牛，或欺騙。*Le Petit Journal*, February 5, 1912, at http://bit.ly/petitjournal.

41. 他在跳傘前一天傍晚與記者見面，Pathé 通訊社有一段不曾播映的影片：http://bit.ly/reicheltjump.

42. *Le Petit Journal*, February 5, 1912, "L'Inventeur Reichelt S'est Tué Hier," at http://bit.ly/petitjournal.

43. 依據 Grenn Harbor Pulications 的計算方式，詳見：http://bit.ly/fallspeed.

44. *Le Matin*, February 5, 1912 (number 10205), "*Expérience tragique*," at http://bit.ly/lematin.

45. Volume 2, Appendix F, of the United States Presidential Commission on the Space Shuttle Challenger Accident, 1986, at http://bit.ly/feynmanfooled.

46. 依據參與學生在自傳中所寫的年級與出生年份，推論是高中生，總計有 533 人。Getzels 1962.

47. 這些學生十分聰明，在校平均智商 135。「最具創意」與「較不具創意」群組的智商差異，是相對於他們的同儕而論。

48. Bachtold, 1974; Cropley, 1992; and Dettmer, 1981.

49. Feldhusen, 1975. Cited in in Westby, 1995.

50. Staw, 1995.

51. Rietzschel, 2010, Study 2.

52. Rietzschel, 2010, Study 1.

53. Gonzales, 2004.

54. Heider, 1958; Whitson, 2008.

55. Mueller, 2012.

56. Eisenberger, 2004; Eisenberger, 2005.

57. 古英文指第五世紀到第十二世紀中期使用的英文。

58. Artistotle, 2011, VIII.1155a5. Cited in Eisenberger and Lieberman, 2004.

59. Flynn and Chatman, 2001; Runco, 2010. Both cited in Mueller et al., 2012.

60. 「恐新症」（neophobia）這個名詞並不常見，通常使用於技術文獻中。詳見：Patricia Pliner and Karen Hobden. "Development of a Scale to Measure the Trait of Food Neophobia in Humans." *Appetite 19*, no. 2 (October 1992):105–20.

61. Pynchon, 1984.

62. 《美國新聞與世界報導》（*U.S. News & Word Report*）2012 年將波士頓兒童醫院評為 20 年來的最佳醫院。Comarow, 2012.

63. "Velikovsky in Collision," in Gould, 1977.

64. Syrotuck and Syrotuck, 2000. Cited in Gonzales, 2004.

Chapter 4

1. Warren, 2005.

2. 十二指腸潰瘍又名消化性潰瘍。小腸最前段消化道即十二指腸。

3. 幽門螺旋桿菌（H. pylori）又稱 Campylobacter pylori。

4. 2011 年《期刊引用報告：科學類》（*Journal Citation Report: Science Edition*）：《刺胳針》的影響力項目得分 38.278，在一般醫學期刊中名列第二，僅次於《新英格蘭醫學期刊》（*New England Journal of Medicine*）的 53.298。詳見：http://bit.ly/lancetwiki.

5. Marshall and Warren, 1984.

6. Freeman, 1997.

7. Munro, 1984. Quoted in Van Der Weyden, 2005.

8. Sheh, 2013.

9. Warren, 2005.

10. Marshall, 2002. Cited in Pincock, 2005.

11. Ramsey et al., 1979. 六名科學家，包括德州大學、哈佛醫學院、史丹佛大學，共同寫了這篇論文。

12. John S. Fordtran. 詳見：Boland, 2012.

13. Munro, 1985.

14. 這名科學家是 W. I. Peterson. 詳見：http://bit.ly/walterpeterson.

15. Ito, 1967. Cited in Marshall, 2005.

16. Freedberg and Barron, 1940. Cited in Marshall, 2005. See also Altman, 2005.

17. Kidd and Modlin, 1998; Unge, 2002; and Marshall, 2002.

18. Mack and Rock, 2000.

19. Adams, 2008.

20. 視覺傳遞路徑的描述請見：Seger, 2008.

21. 關於這點的文獻毫無爭論，請見：Harbluk et al., 2002; Strayer et al., 2003; Rakauskas et al., 2004; Strayer and Drews, 2004; Strayer et al., 2006; Strayer and Drews, 2007; and Young et al., 2007.

22. Hyman et al., 2010.

23. Drew et al., 2013, "The Invisible Gorilla Strikes Again."

24. Lum et al., 2005, and Drew et al., 2013. 這場意外發生在紐約羅徹斯特的 Strong 紀念醫院。

25. Warren, 2005, citing Doyle, 2011, from "The Boscombe Valley Mystery," 1891.

26. Drew et al., 2013.

27. De Groot, 1978. Cited in Weisberg, 1986.

28. 鈴木俊隆的生平詳見：Chadwick, 2000.

29. 居住在舊金山的日裔美國人後代當時被拘禁在坦佛朗賽馬場，現今是加州聖布魯諾卡密諾路 1150 號的一座商場。資料來源：University of Southern California, 1942; San Francisco Chronicle, 1942.

30. 寺廟的歷史詳見：Chadwick, 2000, and Kenning, 2010.

31. 鈴木在 1959 年 5 月 23 日抵達，「他穿著旅行袈裟，脖子上掛著絡子，腳上穿著足袋和草鞋。」詳見：Chadwick, 2000.

32. Chadwick, 2000.

33. 靜坐冥想早於西元 1500 年前即出現，詳見：Everly and Lating, 2002. 作家 Alan W. Watts 在 1959 年將這套系統引進美國，相關影片可以參考：http://bit.ly/wattsmind.

34. Chadwick, 2000. 照片可見：http://bit.ly/shunryu,

35. 香板的照片可見：http://bit.ly/kyosaku.

36. Suzuki, 1970. From Fields, 1992.

37. Senzaki, 1919.

38. Wallace, 2009.

39. 孔恩的生平細節取自：Nickles, 2002.

40. Kuhn, 1977. 他說：「一個難忘（且非常熱）的夏日，所有的困惑突然消失了。」Nickles, 2002, citing Caneva, 2000. See also Weinberg, 1998.

41. Heidegger, 1956. 他說：「亞里斯多德的《物理學》……決定了西方思想的經緯，即使現今當代思潮看似與古老思潮抵觸，但反對意見總帶著一些武斷、甚至危險的依賴。如果沒有亞里斯多德的物理學說，就不會出現伽利略。」詳見維基百科亞里斯多德《物理學》條目：http://bit.ly/aristotlephysics.

42. Aristotle, 2012.

43. Kuhn, 1962.

44. Garfield, 1987. 2014 年 5 月，Google 學術記錄此書被引用超過 7 萬次（http://bit.ly/kuhncitations）2012 年，出版 50 週年紀念，芝加哥大學出版社表示：「從來沒想到我們有一本書可以賣超過 1,500 萬冊。」新聞稿請見：http://bit.ly/1pt4million.

45. Gleick, 1996. 這本書開啟了一場持續至今的哲學論戰，批評者抨擊孔恩的「典範」一詞概括許多不同的事物（例如：Masterman, 1970, in Lakatos et al., 1970; Eckberg and Hill, 1979; Fuller, 2001），但他們都同意，典範便是觀看世界的一種方式。而「典範」一詞也成了流行詞彙。

46. Kuhn, 1962.

47. Tyson, 2006. 影片請見：http://bit.ly/NdGTSalk. 文字稿：http://bit.ly/NdGTsenses.

48. Wallace, 2009.

49. 不同於中國傳統的陰陽概念。中國的陰陽概念是一體，非二分法。

50. Sheehan, 1996, which cites Strauss, 1994. Sheehan 的文章可見於亞利桑那大學：http://bit.ly/sheehanmars.

51. 馬提安的說法可追溯到 1883 年天文學家 Giovanni Schiaparelli 提出，但直到 1898 年羅威爾發表聲明，H.G.Wells 出版《世界大戰》（The War of the Worlds），才廣為人知。

52. Wallace, 1904. 當羅威爾出書時，華勒斯已經認定「地球是太陽系中唯一有生物的星球」。

53. Wallace, 1907.

54. Momsen, 1996. 詳見：http://bit.ly/nasaforum.

55. Sheehan and Dobbins, 2003. 羅威爾稱他看到土星上的東西是「石山」。

56. Sheehan and Dobbins, 2003; also Douglass, 1907.

57. Warren, 2005.

58. Burton, 2009. 苯環利定（Phencyclidine）又稱為 PCP，或天使塵。甲基苯丙胺（Methamphetamine）又名 meth，是迷幻藥 MDMA 的衍生物，也稱為鹽酸甲基安非他命或結晶甲安（crystal meth），同樣可以讓人產生確定感。想了解內嗅皮質刺激的作用，請見：Bartolomei, 2004.

59. Neisser and Harsch, 1992. Cited in Burton, 2009.

60. 精確地說是 44 人中有 33 人。這項研究有三個部分，第一部分是 106 名學生在挑戰者號爆炸的次日回答問卷；第二部分是兩年半後，44 名學生接受後續訪談。第三部分是比較兩份問卷並訪談，在第二部分完成的六個月後進行，有 40 名學生參與。

61. Festinger et al., 1956. 作者讓瑪丁使用化名 Mrs. Marian Keech，以保護她的真實身分。

62. Festinger et al., 1956.

63. Festinger et al., 1956.

64. 1957 年費斯廷格改以「認知失調」（cognitive dissonance）代之。

65. Festinger, 1962.

66. Festinger, 1957.

67. http://bit.ly/thedra and http://bit.ly/sananda. 瑪丁的故事部分可見：Largo, 2010.

68. "Extraordinary Intelligence,"; http://bit.ly/whenfaithistested.

Chapter 5

1. 富蘭克林的生平細節摘自：Maddox, 2003, and Glynn, 2012.

2. 1943 年薛丁格在三一學院都柏林研究院發表一系列演講（1944 年結集成書），當時便預

測了 DNA 的發現，「細胞最重要的元件──染色體構造或許可以稱為非週期性結晶。」Schrödinger, 1944.

3. 孟德爾的研究成功直到 20 世紀初才廣為認可。達爾文死於 1882 年，他在 1868 年提出一項與孟德爾相當不同的暫時性假設，稱為「泛生論」（pangenesiss）。Darwin, 1868.

4. 直到 1930 年代，加拿大裔美國科學家 Oswald Avery Jr. 才開始認為，酸是傳遞訊息的載體之一。Maddox, 2003.

5. 結晶也可以由三度空間重複排列的離子構成。

6. 富蘭克林在 1955 年到 1958 年間規律地發表菸草花葉病毒的研究，並在 1958 年的兩篇論文中總結相關研究："The Radial Density Distribution in Some Strains of Tobacco Mosaic Virus," coauthored with Kenneth Holmes, and "The Structure of Viruses as Determined by X-ray Diffraction."

7. 摘自艾略特 1920 年 12 月 8 日寫給 Marie Mattingly Meloney 的信。Columbia University Library; http://bit.ly/meloney. Quoted in Ham, 2002.

8. Curie, 1911, and Emling, 2013.

9. 諾貝爾科學獎項指物理、化學和生醫。十五位女性為 Maria Goeppert Mayer（物理，1963）、Marie Curie（物理，1903；化學，1911）、Ada E. Yonath（化學，2009）、Dorothy Hodgkin（化學，1964）、Irène Joliot-Curie（化學，1935）、Elizabeth H. Blackburn（生醫，2009）、Carol W. Greider（生醫，2009）、Françoise Barré- Sinoussi（醫學，2008）、Linda B. Buck（生醫，2004）、Christiane Nüsslein-Volhard（生醫，1995）、Gertrude B. Elion（生醫，1998）、Rita Levi-Montalcini（生醫，1986）、Barbara McClintock（生醫，1983）、Rosalyn Yalow（生醫，1977），以及 Gerty Theresa Cori（生醫，1947）。詳見：http://bit.ly/womenlaureates.

10. 富蘭克林的相機可見：http://bit.ly/dnacamera.

11. Byers and Williams, 2010.

12. Zuckerman, 1965.

13. Merton, 1968.

14. 例如：Pareto et al., 1935, discussed in Zuckerman, 1977.

15. 其他翻譯與評論請見：http://bit.ly/matthew2529.

16. 莫頓與查克曼在 1993 年結婚。Hollander, 2003; Calhoun, 2003; and Wikipedia entry on Robert K. Merton at http://bit.ly/mertonrk.

17. 美國專利商標局網站：http://bit.ly/inventorship.

18. 專利無效的風險請見：Radack, 1994.

19. 請見第一章特拉登伯格的討論。

20. 莫頓比孔恩早 25 年使用「典範」一詞，但所指較不精確或有特定意涵。"Robert K. Merton Interviewed by Albert K. Cohen, May 15, 1997," posted by the American Society of

Criminology at http://bit.ly/mertoncohen.

21. 牛頓寫給虎克的信函日期為 1675-6 年 2 月 5 日於劍橋。Brewster, 1860.

22. Merton, 1993. 前 NASA 人員 Joseph Yoon 對此名句整理的演化歷程可見：Aerospace Web at http://bit.ly/josephyoon.

23. 關於雪花更早的討論有：Han Ying (150 b.c.e.), Albertus Magnus (1250), and Olaus Magnus (1555). 克普勒是第一個試圖將雪花與結晶連結，而且討論重點在結晶，而非雪花。

24. Shepardson, 1908.

25. Markel, 2012.

26. 在愛因斯坦提出波粒二象性（wave-particle duality）之前，這個問題曾引發討論。

27. Jenkin, 2008, and Authier, 2013.

28. 波特的全名是 Mary Winearls Porter，但一直被稱作 Polly。

29. 她將研究寫成一本書《羅馬是什麼造成的》（*What Rome Was Built With*）。 Porter, 1907.

30. Price, 2012.

31. 信件日期為 1914 年 1 月 14 日。Arnold, 1993.

32. Haines, 2001.

33. 霍奇金的生平細節摘自：Ferry, 2000.

34. "Concerning the Nature of Things." Bragg, 1925.

35. Nakaya, 1954. Summarized in nontechnical terms in Libbrecht, 2001.

36. 要了解更多請見：Lee, 1995, and Christner et al., 2008.

37. Callahan et al., 2011.

38. Jørgensen et al., 2012.

39. Gabai-Kapara, 2014.

40. 關於 BRCA 突變對卵巢癌和乳癌的影響，詳見：National Cancer Institute at http://bit.ly/ncibrca.

41. Carmi, 2014.

Chapter 6

1. 卡特萊特工廠的攻擊行動詳見： "Luddite Bicentenary" website at: http://bit.ly/rawfolds.

2. 關於以納克錘詳見：Radical History Network blog at http://bit.ly/greatenoch.

3. Paine, 1791.

4. 勒本的專利登記於 1801 年，但愛倫堡描述他在 1798 年發明引擎（Ehrenburg, 1929）。

5. http://bit.ly/drkingsermon.

6. Kraybill et al., 2013.

7. Morozov, 2013.

8. Ercin et al., 2011.

9. 這是蘇格蘭民謠的英譯，曲名〈Come On, My Love〉，流傳於 14 世紀。Catriona MacDonald 的錄唱可見：http://bit.ly/coisich. Craig Coburn 對蘇格蘭民謠的整理可見：http://bit.ly/craigcoburn. 其他研究包括：Pelham, 1944; Lennard, 1951; Munro, 1999; and Lucas, 2006.

10. Towne, 1886.

11. Cipolla, 1969.

12. Snyder, 1993, summarized at http://bit.ly/snydersummary; full version at http://bit.ly/snyderthomas.

13. InfoPlease, "Population Distribution by Age, Race, and Nativity, 1860–2010" (http://bit.ly/uspopulation); U.S. Census at http://bit.ly/educationfacts; Snyder, 1993 (http://bit.ly/snyderthomas); and Joseph Kish's table "U.S. Population 1776 to Present" (http://bit.ly/kishjoseph).

Chapter 7

1. 伍迪‧艾倫的生平請見維基百科：http://bit.ly/allenwoody. 2002 年之前，伍迪艾倫累計贏得三座奧斯卡獎，兩座是《安妮霍爾》（最佳原著劇本與最佳導演，1978），一座是《漢娜姐妹》（最佳原著劇本，1987）；另外獲得 17 次提名：《安妮霍爾》（最佳男主角，1978）、《我心深處》（最佳原著劇本與最佳導演，1979）、《曼哈頓》（最佳原著劇本，1980）、《瘋狂導火線》（最佳原著劇本與最佳導演，1985）、《開羅紫玫瑰》（最佳原著劇本，1986）、《漢娜姐妹》（最佳導演，1987）、《那個時代》（最佳原著劇本，1988）、《罪與愆》（最佳原著劇本與最佳導演，1989）、《艾麗絲》（最佳原著劇本，1990）、《賢伉儷》（最佳原著劇本，1993）、《百老匯上空子彈》（最佳原著劇本與最佳導演，1994）、《強力春藥》（最佳原著劇本，1996）、《解構哈利》（最佳原著劇本，1998）。自 2002 年到 2014 年之間，他以《午夜巴黎》贏得第四座獎（最佳原著劇本，2011），另外入圍三次其他獎項：《愛情決勝點》（最佳原著劇本，2006）、《午夜巴黎》（最佳導演，2011）和《藍色茉莉》（最佳原著劇本，2014）。完整得獎記錄請見：Internet Movie Database, http://bit.ly/allenawards. 他在典禮上的致辭可見 YouTube 影片：http://bit.ly/allenspeech.

2. Block and Cornish, 2012.

3. Lax, 2000.

4. Weide, 2011. YouTube 影片：http://bit.ly/whatyougetinawards.

5. Ochse, 1990.

6. Plath, 1982, as quoted in Amabile, 1996.

7. Amabile, 1996.

8. 澳洲部落客 Teeritz 對 SM2 有詳細的描述及圖片，請見：http://bit.ly/olympiasm2.

9. Lax, 2000, and Weide, 2011; descriptions (e.g., type of typewriter) based on Weide, 2011.

10. Simpson, 1982. Cited in Amabile 1983.

11. Eliot, 1948. 完整全文請見：http://bit.ly/eliotbanquet.

12. Einstein, 1923.

13. 1976 年 2 月蘇撒利多的天氣描述是依據：Old Farmer's Almanac at http://bit.ly/pointbonita.

14. 錄音工作室地址：2200 Bridgeway, Sausalito, CA 94965. 門口的動物雕刻照片請見：http://bit.ly/recordplant.

15. Crowe, 1977. 完整原文為："Trauma, " Christine groans. "Trau-ma. The sessions were like a cocktail party every night—people everywhere."

16. 《長牙》毀譽參半，有些評論家與佛利伍麥克的成員認為這張專輯是樂團最好的作品。

17. 與《長牙》的情況一樣，有些人認為《別叫我離開》是被忽視的遺珠，《衛報》網站評論：「《別叫我離開》是一群特立獨行的天才的宣言，只有品味獨具的鑑賞家才理解。」詳見：http://bit.ly/dontstand.

18. 達客西午夜跑者與《別叫我離開》的詳細資料，請見：http://bit.ly/dexyswiki and http://bit.ly/dontstandwiki. General discussion of "second album syndrome" in Seale, 2012.

19. Dostoyevsky, 1923; partly quoted in Amabile 1983, citing Allen, 1948.

20. 哈洛的生平主要摘自：Sidowski and Lindsley, 1988, and the Wikipedia entry for Harry Harlow at http://bit.ly/harlowharry.

21. Harlow, 1950.

22. Harlow et al., 1950.

23. Amabile, Phillips, and Collins, 1994, cited in Amabile, "Creativity in Context," 1996.

24. Glucksberg, 1962, cited in Amabile, 1983.

25. McGraw and McCullers, 1979.

26. Cameron and Pierce, 1994; Eisenberger and Cameron, 1996; and Eisenberger et al., 1999.

27. McGraw and McCullers, 1979, cited in Amabile 1983.

28. Amabile, Hennessey, and Grossman (1986), cited in Amabile, "Creativity in Context," 1996.

29. Wardlow, 1998; Pearson and McCulloch, 2003; and Wald, 2004.

30. Flaherty, 2005.

31. 伍迪．艾倫寫了兩部獨幕劇，節目單上這麼介紹：「在《濱河大道》（*Riverside Drive*）中，一名偏執又有精神分裂症的過氣劇作家，窺伺著一名剛走紅卻極無安全感的新銳劇作家，咬定後者不僅竊取他的創意，也偷走他的生命。《老塞布魯克鎮》（*Old Saybrook*）則融合性愛喜劇與作家創作過程，敘述一對夫妻挑戰對婚姻的承諾。」詳見洛杉磯戲院：http://

bit.ly/theatreinla and Goldstar at http://bit.ly/goldstarhollywood.

32. *Deconstructing Harry* corrected from Drew's Script-O-Rama at http://bit.ly/harryblock.

33. Lax, 2000.

34. 伍迪‧艾倫可能是想起鋼琴家高登費茲（Alexander Goldenveizer）撰寫回憶錄《與托爾斯泰的談話》（*Talks with Tolstoi*, 1923），當中寫道：「只有每一次蘸筆都在墨水瓶中留下自己血肉的人，才有資格寫作。」

35. Barrows, 1910.

36. Boston Evening Transcript, 1909.

37. Rosaldo, 1980.

38. Spinoza, 1677.

39. Descartes, 1649.

40. 勞倫斯的故事取自：Hansen, 2012.

41. Kahn, 1972, cited in Glasser, 1977.

42. Glasser, 1976.

43. Allen in Weide, 2011.

44. *Adaptation* (2002), directed by Spike Jonze. 考夫曼撰寫劇本（包括這段話），尼可拉斯‧凱吉詮釋寫不出劇本的劇作家。

45. Gardner, 2011.

46. Bailey, 2006.

47. Lax, 2010.

Chapter 8

1. 關於臭鼬工廠的描寫主要取材自：Johnson, 1990, and Rich, 1994.

2. 精確地說，洛克希德的原型或實驗機種都以 X 為開頭，所以露露貝兒的正式名稱是「XP-80」，P-80 是以此設計為藍本後續推出的飛機。

3. Massey, 2000.

4. Squire, 1998.

5. Barres, 2008. Appears in Martin, 2010. 關於神經膠的詳細資料請見：Barres, 2008; Wang and Bordey, 2008; Allen, 2009; Edwards, 2009; Sofroniew and Vinters, 2010; Steinhäuser and Seifert, 2010; and Eroglu and Barres, 2010.

6. Downes and Nunes, 2014. 道恩斯與努恩斯曾訪問我作為「說實話的人」的範例之一。

7. 韓森的資料照片中，有一張當年布偶節的照片：http://bit.ly/puppetry1960.

8. 韓森與奧茲的生平資料主要摘自：Jones, 2013; Davis, 2009; and the Muppet Wiki at http://

bit.ly/muppetwiki.

9. Douglas, 2007.

10. 伯特與恩尼的故事取自維基百科：http://bit.ly/erniebert.

11. 《芝麻街》第一集可以在 YouTube 上觀看：http://bit.ly/firstsesamestreet.

12. 這段話有多個出處，包括芝麻街維基百科，來源是 1994 年的一個廣播節目。詳見：http://bit.ly/gaybalternie.

13. 《南方四賤客》在 1997 年首播，是帕克與史東在 1992 年和 1995 年創作的兩部動畫短片發展而來。

14. *Six Days to Air: The Making of South Park* (2011), directed by Arthur Bradford.

15. Pond, 2000.

16. TED 2006. Video at http://bit.ly/skillmanTED.

17. 史基曼的棉花糖挑戰構想緣由，詳見 TED 網站：http://bit.ly/skillmanbackground.

18. 伍傑克的投影片與 2010 年 TED 演講，詳見：http://bit.ly/wujecTED.

19. 伍傑克的棉花糖挑戰操作指示，詳見：http://bit.ly/marshmallowinstructions.

20. Vygotsky, 1980.

21. Cornwell, 2010.

22. David McDermott's website Decision Making Confidence at http://bit.ly/mcdermottdavid.

23. Collins, 2004.

24. 取自我針對自稱上班族的線上調查，來自不同位階與公司，共計 123 人。

25. Mankins et al., 2014.

26. Johnson, 1990.

27. Jackson, 1966：「其他的課程可能算是非正式或隱性課程，鮮少受到教育者的注意。隱性課程可以用三個 R 來表示，但不是我們熟悉的閱讀、寫作與計算（reading, 'riting and 'rithmetic）；而是原則、規範與儀式（rules, regulations, and routines），是老師和學生如果想在稱為『學校』的社會機構平順度日，都必須學習的課程。」

28. Jackson, 1968.

29. 完整原文為：The personal qualities that play a role in intellectual mastery are very different from those that characterize the Company Man. Curiosity, as an instance, is of little value in responding to the demands of conformity. The curious person typically engages in a kind of probing, poking, and exploring that is almost antithetical to the attitude of the passive conformist. The scholar must develop the habit of challenging authority and questioning the value of tradition. He must insist on explanations for things that are unclear. Scholarship requires discipline, to be sure, but this discipline serves the demands of scholarship rather than the wishes and desires of other people. In short, intellectual mastery calls for sublimated forms of aggression rather than for submission

to constraints.

30. 戰爭的死亡人數向來非常不可靠且具高度爭議，如歷史學家 Matthew White（2013）所言：「人們總是對死亡人數爭論不休。」220 萬死亡與失蹤人數，摘自維基百科「二戰時期的空襲」（http://bit.ly/WW2bombing），是歷史學者較有共識的數字：60,595 英國平民、160,000 歐洲空軍、超過 500,000 名俄國平民、67,078 名法國平民死於美英空襲；260,000 中國平民、305,000-600,000 德國平民，包括外國工人、330,000-500,000 日本平民、50,000 義大利人死於聯軍轟炸，這些數字加總為 2,197,673。以上數字來源包括：Keegan, 1989; Corvisier and Childs, 1994; and White, 2003。

31. 這數字是以德國 88 毫米高射砲摧毀波音 B-17 轟炸機的效能為基準，大約須發射 2,805 發砲彈。Westermann, 2011, cited in Wikipedia at http://bit.ly/surfacetoairmissiles。

32. 洛克希德吸氣式極音速產品組合經理 Brad Leland 表示，SR-72 預計在 2018 年展示，2023 年首航，2030 年開始服役。Norris, 2013。

Chapter 9

1. 蓋頓在《旅行的藝術》（*The Art of Travel, 1872*）一書中寫道：「我注意到經驗老道的旅行家在炎熱和氣候極端國家通常都會戴一頂寬邊帽。」所以我推測他也戴了一頂。寬邊帽的圖片可參考：http://bit.ly/wideawakehat。

2. Galton, 1872. 書中寫道：「當你抵達營地，這些土著通常會害怕跑得遠遠的。如果你餓了，或需要某項東西，直接到帳篷裡，想拿什麼就拿什麼，留下足夠的報酬就行了。在這裡還要顧慮太多是很荒謬的。」

3. 英國 Rural Payments Agency 的牛肉分級標準，詳見：http://bit.ly/carcase。

4. Galton, 1869.

5. 根據全球疾病負擔（Global Burden of Disease）統計 2010 研究（Wang, 2013），全球男性平均壽命 67.5 歲，女性 73.3 歲，兩者平均約 70.4 歲。

6. Malthus, 1798.

7. Devereux and Berge, 2000.

8. Pinker, 2010, which uses Brecke, 1999; Long and Brecke, 2003; and McEvedy and Jones, 1978 as sources.

如何讓馬飛起來——物聯網之父創新與思考的 9 種態度／凱文・艾希頓 Kevin Ashton 著；陳郁文譯 .-- 初版 .-- 台北市：
時報文化，2016.03；384 面；14.8 ╳ 21 公分

譯自：How to Fly a Horse: The Secret History of Creation, Invention, and Discovery

ISBN 978-957-13-6566-4（平裝）

1. 發明 2. 創意 3. 創造性思考

440.6   105002496

NEXT 叢書 230

如何讓馬飛起來—— 物聯網之父創新與思考的 9 種態度

How to Fly a Horse: The Secret History of Creation, Invention, and Discovery

作者　凱文・艾希頓 Kevin Ashton │ 譯者　陳郁文 │ 主編　陳盈華 │ 編輯　劉珈盈 │ 美術設計　廖韡 │ 執行企
劃　侯承逸・董事長・總經理　趙政岷 │ 總編輯　余宜芳 │ 出版者　時報文化出版企業股份有限公司　10803 台
北市和平西路三段 240 號 3 樓　發行專線—(02)2306-6842　讀者服務專線—0800-231-705・(02)2304-7103　讀者服務傳
真—(02)2304-6858　郵撥—19344724 時報文化出版公司　信箱—台北郵政 79-99 信箱　時報悅讀網—http://www.
readingtimes.com.tw │ 法律顧問　理律法律事務所　陳長文律師、李念祖律師 │ 印刷　勁達印刷有限公司 │ 初版一刷
2016 年 3 月 25 日 │ 定價　新台幣 380 元 │ 行政院新聞局局版北市業字第 80 號 │ 版權所有　翻印必究（缺頁或破損
的書，請寄回更換）